DIE NEUE BREHM-BÜCHEREI

625

gefördert durch die

Der Feldhamster

Cricetus cricetus

1. Auflage

Ulrich Weinhold
Anja Kayser

WV Die Neue Brehm-Bücherei Bd. 625
Westarp Wissenschaften · Hohenwarsleben · 2006

Für Leo

Danksagung

Ohne den nun mittlerweile schon über mehr als 10 Jahre andauernden Disput mit den vielen Fachkollegen des Internationalen Arbeitskreises Feldhamster wäre diese Arbeit um vieles ärmer. Genannt seien hier auch unsere verehrten Lehrer Prof. MICHAEL STUBBE und Prof. HEINZ F. MOELLER. Sie gaben den Anstoß, sich mit diesem Thema zu befassen und gewährten uns zu jedem Zeitpunkt die nötige fachliche und organisatorische Unterstützung.

Ganz besonders möchten wir unseren lieben Familien für die überlassene Freizeit und aufopferungsvolle Mithilfe danken. Unseren Ehegatten, Herrn Dr. MATTHIS KAYSER und Frau Dipl.-Biol. HEIKE BIERLEIN, gilt hier ein ganz besonderes Dankeschön für ihren Beistand und die doch zeitintensiven Lektoratstätigkeiten während der Entstehung dieses Bandes.

Dankend genannt sei auch Herr Dr. WOLFGANG WENDT, der uns freundlicherweise die Arbeit für die vorliegende Schrift überließ.

mit 74 Abbildungen und 13 Tabellen

Titelbild: Europäischer Feldhamster *(Cricetus cricetus* L., 1758*)* (Foto: U. WEINHOLD).

http://www.westarp.de

Satz und Layout: Westarp
Druck und Bindung: Laun & Grzyb, Wolmirstedt

Vorwort

Der Feldhamster teilt das Schicksal vieler Wildtiere in unserer Kulturlandschaft. Einst weit verbreitet und als Plage sogar bekämpft, steht er heute kurz vor dem Aussterben und, wie so oft, sind die dramatischen Veränderungen in der Landwirtschaft die Ursache.

Der bevorzugte Lebensraum des Feldhamsters sind Ackerbauregionen und dort eher die guten als die schlechten Böden, und damit genau die Gegenden, in denen während der vergangenen Jahrzehnte ein beispielloser Intensivierungsprozess in der Landwirtschaft stattgefunden hat.

Neben dem Einsatz von Chemie und Mineraldüngern leidet der Feldhamster vor allem unter der Konzentration auf wenige, hoch ertragreiche Getreidesorten, aber auch unter dem Einsatz schwerer Maschinen, die den Boden tief pflügen. Letztendlich lässt die moderne Erntetechnik, die riesige Getreidefelder in atemberaubender Geschwindigkeit »sauber« aberntet, kein Körnchen für den Hamster übrig.

Die Lösung dieses Dilemmas ist sicherlich nicht der Weg zurück in eine Felderbewirtschaftung von anno dazumal, sondern die Verknüpfung von Artenschutzanliegen mit der Landwirtschaft von heute. Klar ist auch, dass Artenschutz nicht allein in der Verantwortung der Landwirte liegt. Wenn wir als Gesellschaft eine Feldflur erhalten wollen, in der auch Wildtiere ihre Heimat finden, dann wird dieses Ziel nur in Kooperation mit den Landwirten zu erreichen sein. Und kooperieren heißt auch, finanzielle Mittel als Ausgleich für wirtschaftliche Einbußen zur Verfügung stellen.

Die Deutsche Wildtier Stiftung hat dies beispielhaft, auch dank der Hilfe ihrer Förderer, in ihrem Feldhamsterschutz-Projekt im Norden Baden-Württembergs realisiert. Dort arbeitet der Feldhamsterexperte und Wildbiologe Dr. Ulrich Weinhold mit den ansässigen Landwirten Hand in Hand. Die wiederum werden von der Deutschen Wildtier Stiftung für ihre Leistungen honoriert, zusätzliche Kosten oder entgangener Gewinn wird ihnen ersetzt. Das Modell ist erfolgreich. Die Stiftung baut die Brücke zwischen den Menschen, die dieser bedrohten Art helfen wollen und denjenigen, die praktisch etwas tun können, den Landwirten.

Ich hoffe sehr, dass unser Projekt ein Vorbild für Initiativen in anderen Regionen Deutschlands sein wird, wo es noch letzte Vorkommen des Feldhamsters gibt. Lassen Sie uns gemeinsam dafür arbeiten, dass der sympathische kleine Nager, oft gebrandmarkt als Verhinderer großer Erschließungsprojekte, in unserer Kulturlandschaft auch zukünftig seinen Lebensraum findet.

Deutsche Wildtier Stiftung

Haymo G. Rethwisch
Vorstand und Stifter

Inhaltsverzeichnis

1 Einleitung und Geschichtliches

Obwohl nur ein etwa rattengroßer Nager, hat der Europäische Feldhamster bereits früh die Gemüter der Menschen bewegt. Sein deutscher Name wurzelt in dem althochdeutschen »hamastro«, was soviel wie Kornwurm bedeutet. Bereits im Mittelhochdeutschen hatte sich der »Hamster« als Artname etabliert (Carl 1995). Um 1669 taucht er in Gesners »Thier-Buch« auf und auch Lonicero verewigte den Hamster in seinem 1679 erschienenen »Kreuterbuch«. Carolus Linnaeus, der jedem Zoologen und Botaniker geläufige »Vater der binären Nomenklatur«, beschrieb ihn letztendlich als *Mus cricetus,* L. 1758. Der Gothaer Arzt und Naturforscher Friedrich Gabriel Sulzer widmete dem Feldhamster 1774 eine umfassende Monografie, die erste ihrer Art (Abb. 1).

Zahlreiche Namen folgten seither, nicht zu vergessen Tiervater Brehm (1879), welcher in dem Hamster ein »...leiblich recht hübsches, geistig aber um so hässlicheres, boshaftes und bissiges Geschöpf...« sah. Die Liste all jener, welche sich naturkundlich und wissenschaftlich mit dem Feldhamster befassten, reicht von dem Naturforscher und Dichter Hermann Löns über die damaligen Zoodirektoren Heini Hediger (Zürich), Hans Petzsch (Halle) und den Verhaltensforscher Irenäus Eibl-Eibesfeldt bis in unsere Zeit hinein. Und auch heute noch zieht der Hamster Zoologen mit speziellen Fragestellungen in seinen Bann. Galt das wissenschaftliche Interesse an diesem Tier wegen seiner vielfach beschriebenen Schadwirkung früher einerseits dessen Ausmerzung, so war es andererseits auch von wirtschaftlicher Bedeutung und sein Fell ein begehrtes Naturprodukt. Die Biologie des Hamsters, vor allem seine Befähigung zum Winterschlaf, erregte gegen Mitte des 20. Jahrhunderts vermehrt die Aufmerksamkeit der Wissenschaft. Heute ist es eher die Sorge um den Fortbestand der Art, zumindest in Mitteleuropa, welche Naturschützer und Zoologen dazu veranlasst, sich weiterhin mit ihm zu beschäftigen. Seine Ernennung zum »Wildtier des Jahres 1996« durch die Schutzgemeinschaft Deutsches Wild sowie die Aufnahme in nationale und internationale Rote Listen mag stellvertretend für diese traurige Karriere stehen.

In der hier vorgelegten Neubearbeitung des Feldhamsters für die Neue

Versuch
einer
Naturgeschichte
des Hamsters.

von
F. G. Sulzer, d. A. W. D.

Mit einigen illuminirten und unilluminirten Kupfern.

Göttingen und Gotha
verlegts Johann Christian Dieterich,
1774.

Abb. 1: Handkoloriertes Titelbild von Sulzers Monografie 1774 (Farbscan vom Original der Forschungsbibliothek Gotha). Auf dem Titelbild ist kein normalbunter Feldhamster, sondern ein für Thüringen typischer »Schwärzling« zu sehen (siehe auch Kap. 3 Körperbau und Fellzeichung).

Brehm-Bücherei, dessen erste Version von Hans Petzsch (1950) stammt, soll sowohl dem Wissen, welches seither zusammengetragen worden ist, als auch den Veränderungen, die in der Kulturlandschaft erfolgten und welche unmittelbar mit der heutigen Situation des Hamsters verknüpft sind, Rechnung getragen werden. Vor allem aber soll dem interessierten Leser ein Wesen nähergebracht werden, das bereits seit langem ein Wegbegleiter des Menschen ist und welches daher mit Fug und Recht als Überlebenskünstler und Teil unserer Kulturgeschichte gewertet werden darf. Insofern stellt dieses Werk keine Anleitung für den Hamsterschutz im engeren Sinne dar, sondern soll einen Überblick über die Biologie und Lebensweise dieser Art geben.

Dies schließt aber keinesfalls eine Weiterentwicklung unserer Kenntnisse über den Feldhamster und den Bedarf an seiner weiteren Erforschung aus.

2 Systematik, Verbreitung und Fossildokumentation

Der Feldhamster ist ein Vertreter der Familie der Muridae und der Unterfamilie Cricetinae oder Hamster, deren Verbreitungsschwerpunkt größtenteils in der Neuen Welt liegt und deren Umfang auf über 400 Arten geschätzt wird (Niethammer 1982). Gegenüber den Wühlmäusen zeichnen sich die Hamster durch bunodonte (mehrhöckrige) Backenzähne, größere häutige Ohrmuscheln und vor allem durch den Besitz von Backentaschen aus. Der Feldhamster repräsentiert mit einer Gattung und einer Art dabei die Großhamster. Sein Chromosomensatz beträgt 2n = 22. Kleinere Verwandte sind die Mittelhamster der Gattung *Mesocricetus* mit dem Syrischen Goldhamster (*Mesocricetus auratus*) als bekanntestem Vertreter, der gerne als Heim- und Labortier gehalten wird (Abb. 2), und die Zwerghamster der Gattungen *Allocricetulus, Calomyscus, Cricetulus, Phodopus* und *Tscherskia* (Niethammer 1982, MacDonald 2001).

Tabelle 1 gibt einen Überblick über die systematische Stellung des Feldhamsters.

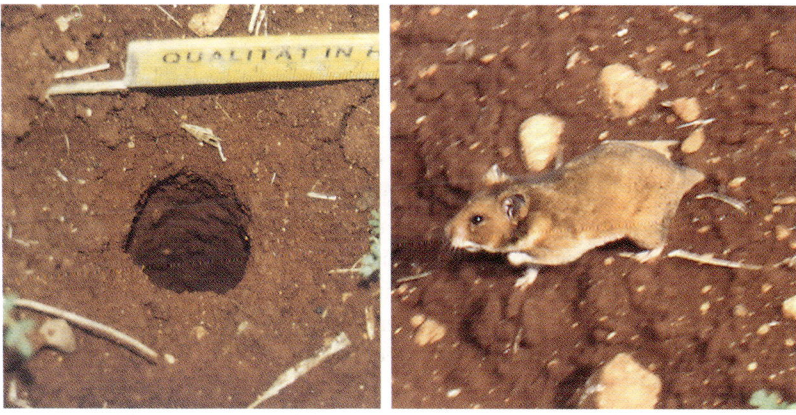

Abb. 2: Fallröhre eines Goldhamsterbaues in Syrien und Syrischer Goldhamster (Wildfang) (Fotos: A. Kayser).

Tab. 1: Systematische Stellung von *Cricetus cricetus:*

Stamm	Chordata (Chordatiere)
Unterstamm	Vertebrata (Wirbeltiere)
Klasse	Mammalia (Säugetiere)
Ordnung	Rodentia (Nagetiere)
Unterordnung	Myomorpha (Mäuseartige)
Familie	Muridae (Mäuse)
Unterfamilie	Cricetinae (Hamster)
Gattung	*Cricetus*
Art	*Cricetus cricetus*

Die frühere Aufspaltung des Feldhamsters in Europa in drei geografisch mehr oder weniger getrennte Unterarten wird heute nicht mehr ohne weiteres akzeptiert. Hell & Herz (1969), Nechay et al. (1977), Grulich (1987), Niethammer (1982) und Nechay (2000) sehen in den südosteuropäischen Feldhamstern, die man als *Cricetus cricetus nehringi* klassifizierte, keine gültige Unterart. Auch wird in Frage gestellt, ob es sich bei den westlichsten Vertretern um eine eigene Unterart *Cricetus cricetus canescens* handelt (u.a. Hell & Herz 1969, Niethammer 1982, Grulich 1987). Die in Mitteleuropa vorkommenden Feldhamster werden als Nominatform *Cricetus cricetus cricetus* bezeichnet. Zu dieser Unterart würden demnach auch die deutschen Tiere zählen. Vor dem Hintergrund der historischen Verbreitung der Art erscheint es derzeit wahrscheinlich, dass es sich bei den drei phänotypisch wenig unterschiedlichen Formen um eine Kline handelt (Niethammer 1982). Neue genetische Untersuchungen zeigen eine enge Verbindung zwischen den westeuropäischen Hamstern und Tieren aus dem östlichen Deutschland auf, womit sie ebenfalls gegen die Existenz einer separaten Unterart sprechen (Neumann et al. 2004). Grulich (1987) konnte zeigen, dass sich die Körper- und Schädelmaße aufgrund der Variabilität bei unterschiedlichen Populationsdichten nicht als Merkmalskomplex zur Gliederung der europäischen Feldhamster eignen. Dies gilt ebenfalls für die minimalen Färbungsunterschiede (Spitzenberger & Bauer 2001). Weitere umfangreiche morphologische und populationsgenetische Untersuchungen aus Europa sowie dem östlichen Verbreitungsgebiet, aus dem ebenfalls verschiedene Unterarten beschrieben wurden (Berdyugin & Bolschakov 1998, Nechay 2000), sind für eine genaue Abklärung der Taxonomie notwendig. Möglicherweise wird durch die Ergebnisse eine weitere Abgrenzung von Unterarten beim Feldhamster hinfällig.

Die Verbreitung des Feldhamsters erstreckt sich auf einem Gürtel von 44-59° nördlicher Breite und 5-95° östlicher Länge (Niethammer 1982). Damit bewohnt er große Teile Mittel-, Südost- und Osteuropas bis nach Asien hinein, zum Fluss Jenissej in Sibirien, welcher die östlichste Verbreitungsgrenze darstellt (Abb. 3 u. 4). Die genaue Arealgrenze in

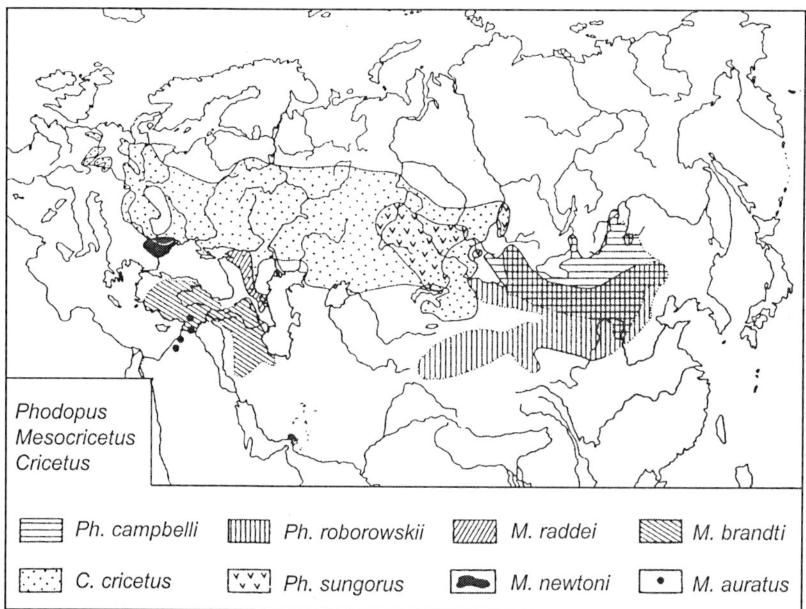

Abb. 3: Gesamtverbreitungskarte des Feldhamsters in Eurasien sowie der wichtigsten Mittel- und Kleinhamster (nach PANTELEYEV 1998).

China ist ungeklärt, eine Verbreitung bis Xinjiang (Nordwestchina) wird angegeben (MACDONALD 2001). Sein westlichstes Vorkommen findet sich in Limburg, im Dreiländereck Deutschland, Niederlande und Belgien zwischen Aachen, Maastricht und Liège. Im Norden erreicht er den Oberlauf der Wolga und im Süden die bulgarische Grenze entlang des Donaubeckens sowie die Halbinsel Krim in der Ukraine.

Dieses riesige Areal wird allerdings keineswegs geschlossen besiedelt. Aufgrund seiner Vorliebe für kontinentales Klima (PETZSCH 1950), sowie tiefe und schwere, bindige Böden findet man ihn fast ausschließlich in Ebenen oder Hügellandschaften mit ausreichenden Lehm- und Lössauflagerungen, auf Schwarzerden und schwarzerdeähnlichen Böden wie z.B. Braunerde-Tschernosemen und Tschernosemen, zu deren Genese er einst beigetragen haben soll (Abb. 5, SCHEFFER & SCHACHTSCHABEL 1998).

Die Qualität der Böden ist ein wichtiger Habitatfaktor: Erstens sind Schwarzerden aus Löss sehr ertragreich und bieten damit eine reichhaltige Nahrungsgrundlage, zweitens sind sie hervorragend geeignet zur Anlage eines tiefreichenden und dauerhaften Bausystems. Wie Untersuchungen zeigten, ist das Vorkommen des Feldhamsters in einem hohen Maße von der Beschaffenheit des Bodens abhängig (LENDERS 1985, WEIDLING & STUBBE 1998c, KAYSER et al. 1998). Für die Anlage von Winterbauen eignen sich vor allem gut grabbare Lehme, die eine geringe Einsturzgefährdung haben. Winterbaue werden oft tiefer als 1,2m angelegt, d.h. die grabbare Lehmschicht muss mindestens eine solche Mächtigkeit haben. Ein sandiger Untergrundhorizont ist jedoch aufgrund der Einzelkornstruktur des sandigen Substrates nicht gut zur Winterbauanlage geeignet.

Bereits SULZER (1774) stellte fest, dass das Verbreitungsareal des Feldhamsters durch das Vorhandensein hochwertiger Böden bestimmt wird.

Abb. 4: Verbreitung des Feldhamsters in Europa. Grau = Erhebungen von 1950-1995 Schwarz = Erhebungen ab 1995 für Belgien, Deutschland, Frankreich, die Niederlande, Österreich und Ungarn (SURDACKI 1971, GRULICH 1974, RUŽIĆ 1978, LIBOIS & ROSOUX 1982, NIETHAMMER 1982, KREKELS & GUBBELS 1996, APELDOORN & NIEUWENHUIZEN 1998, BEKENOV 1998, MARKOV 1998, MUNTEANU 1998, MURARIU 1998, NECHAY 1998, SPITZENBERGER 1998, WEIDLING & STUBBE 1998, WENCEL 1999, 2002, VALCK et al. 2001).

Abb. 5: Die Bördelandschaft mit nebenstehendem Bodenprofil und Hamsterbau im Anschnitt, der typische Hamsterlebensraum in Mitteldeutschland (Fotos: A. Kayser).

Hamstervorkommen befinden sich bevorzugt auf den tiefgründigen Löss(lehm)böden, den landwirtschaftlich besten Böden (Grulich 1975, Smit & Wijngarden 1981, Niethammer 1982). Weidling & Stubbe (1998c) sowie Kayser et al. (1998) zeigen, dass insbesondere die Lage der Winterbaue von der Ausprägung der Zustandsstufe der Bodenschätzung abhängig ist. Erst bei einer Erhöhung der Baudichte, insbesondere der Sommerbaudichte, wurden auch vom Feldhamster ungünstigere Bodentypen genutzt, da die vorherigen Besiedlungslücken und Reserven an hochwertigen Böden ausgeschöpft waren (Kayser et al. 1998, Endres & Weber 1999/2000). In der Stadt Göttingen konnten aufgrund der hohen Variationsbreite der Grabbarkeit der Böden eine Präferenz für tiefgründige Böden und eine Meidung der flachgründigen nachgewiesen werden (Endres & Weber 1999/2000). Böden mit hohen Skelettgehalten werden nur selten zur Anlage von Bauen genutzt (Weidling & Stubbe 1998c, Endres & Weber 1999/2000). In Göttingen wiesen Skelettanteile bis zu 10% Volumen die höchste Attraktivität für den Feldhamster auf, 10-15% ließen bereits eine geringere Präferenz erkennen, deren Tendenz sich mit zunehmendem Skelettgehalt verstärkte (Endres & Weber 1999/2000). Dies gilt jedoch nur für den Ober- und Unterboden, da Schotter- und Skelettbänder im Untergrund toleriert und vereinzelt durchgraben werden (Grulich 1975, Kayser et al. 1998). In den Niederlanden und im Land Brandenburg wurden regional die Böden mit Tongehalten zwischen 15 und 35% sowie Schluffgehalten von über 30% präferiert (Weidling & Stubbe 1998c, Roodbergen et al. 2001).

Der Anteil der einzelnen Korngrößenfraktionen bestimmt maßgeblich die physikalischen Eigenschaften des Substrates (Scheffer & Schachtschabel 1998). Hohe Sandanteile im Substrat bieten nicht genug Halt für die Anlage der komplexen Baue und beeinflussen die Eigenschaften Schutz vor Bodenfrost und Eindringen von Stau- bzw. Grundwasser in den Bau sowie Gewährleistung einer minimalen Luftfeuchtigkeit negativ. Diese Eigenschaften, die besonders für die Überwinterung und die Haltbarkeit der Wintervorräte wichtig sind, werden am besten in tiefgründigen Lehm- und Lössböden erfüllt. In diesen Bodenregionen hat der Feldhamster sein Hauptverbreitungsgebiet (WERTH 1936, PETZSCH 1950, SURDACKI 1971, GRULICH 1975, SMIT & WIJNGAARDEN 1981, NIETHAMMER 1982). Der Übergang von den lössreichen Bördeböden zu den sandigen Böden der Norddeutschen Tiefebene stellt daher oft eine Verbreitungsgrenze für den Feldhamster dar (LÖNS 1909, WERTH 1936, POPP 1960, WEBER 1960). Unter den Aspekten der Grabbarkeit, der Formstabilität und des Wasser- und Lufthaushaltes kann ein reiner Schluffboden als optimal für den Feldhamster betrachtet werden. In diesem Korngrößenbereich scheinen die Anforderungen des Feldhamsters an den Boden erfüllt zu werden, die aber auch durch ein ausgewogenes Gemisch aller Kornfraktionen (Sand, Ton und Schluff) optimal realisiert werden können. Erstere Variante mit einem hohen Schluffanteil stellen relativ reine Lössböden dar, letztere Lehmböden.

WERTH (1936) ermittelte für den Norden und Nordwesten eine klimatische Grenze, welche innerhalb der +17°C-Juli-Isotherme und im Süden innerhalb der Januar-Isotherme von +2°C liegt. Hohe Niederschlagsmengen und Bodenfeuchte sind ebenfalls Kriterien, welche dem Hamster nicht zusagen. Warmes und trockenes Klima wird allgemein als günstig für den Feldhamster und seine Reproduktion angesehen (vgl. Kap. Reproduktion, Abb. 20). Montane Lagen sowie Gebirge werden gemieden, ebenso geschlossene Wälder und Sümpfe. Einzelne Beobachtungen gab es jedoch sogar aus Höhenbereichen zwischen 2.000 und 2.200m über NN in Tarbagatai und im Dschungarischen Alatau (BERDYUGIN & BOLSHAKOV 1998).

Das hoch fragmentierte Verbreitungsmuster des Feldhamsters in Westeuropa geht einher mit einem hohen Grad an genetischer Isolation. Infolge der anthropogenen Habitatfragmentierung weisen die hier gegenwärtig übrig gebliebenen besiedelten Flächen nur noch einen inselartigen Charakter auf. Eine Ursache der geringen genetischen Variabilität der Feldhamster in Westeuropa sind die geringen Populationsgrößen in Verbindung mit großen Dichtefluktuationen. Andererseits beruht sie auch auf genetischer Erosion, die bereits mit einem Gründereffekt und genetischem Flaschenhals während der nacheiszeitlichen Wiederbesiedlung des Rheintales begann (NEUMANN et al. 2004). Dennoch konnten die Hamster im Elsass (Frankreich) noch eine vergleichsweise höhere Variabilität als die in den Niederlanden erhalten. Aus diesem Grund wurde vermutet, dass die heutige geringe genetische Diversität der Feldhamsterbestände in den Niederlanden vor allem auf dem schnellen Zusammenbruch dieser Ende des 20. Jahrhunderts mit wenigen übrig gebliebenen Tieren beruht (SMULDERS et al. 2003). Anhand von Museumsmaterial konnte jedoch gezeigt werden, dass die heutigen Individuen den Haplotyp mit den Museumspräparaten teilen (NEUMANN et al. 2004).

Anzeichen für gegenwärtige genetische Flaschenhälse, sogenannte »bottlenecks«, gibt es dennoch, auch in den Populationen aus Verbreitungszentren wie Thüringen, Sachsen-Anhalt und Mähren (Tschechien) (NEUMANN et al. 2004).

Die bisherigen Daten deuten alle auf eine gemeinsame Abstammung der westeuropäischen und deutschen Feldhamster hin, die sich am besten mit einer nacheiszeitlichen Wiederbesiedlung von Osten ausgehend erklären lässt (NEUMANN et al. 2005). Unterschiede und Anzeichen für eine genetische Isolation zu Feldhamstern aus Mähren (Tschechien, NEUMANN et al. 2004), die bisher zur gleichen Unterart gezählt wurden, unterstützen die These von GRULICH (1987), dass die nacheiszeitliche Wiederbesiedlung einmal nördlich der Karpaten erfolgte und einmal südlich nach Rumänien, Ungarn, Tschechien, Slowakei und Österreich.

Hamsterartige Nagetiere kennt man bereits aus dem Oligozän (vor ca. 36 Millionen Jahren) und erste moderne Formen aus dem Miozän (vor ca. 24 Millionen Jahren). Die Hamster bilden daher die Stammgruppe aller rezenten muroiden (mäuseähnlichen) Nagerfamilien. Diese umfassen heute etwa drei Viertel aller modernen Nagetiere.

Die Ursprünge des Europäischen Feldhamsters werden in den pleistozänen Steppenlandschaften vermutet. Seine fossile Verbreitung war wesentlich größer als das rezente Vorkommen. So finden sich seine Überreste in Südengland, Nordspanien, Westfrankreich und Italien (WERTH 1936, NIETHAMMER 1982, PRADEL 1985, NECHAY 2000). Zähne und Knochenfragmente der Gattung *Cricetus* sind bereits seit dem Ende des Pliozäns (vor ca. 2,5 Millionen Jahren) bekannt (WERTH 1936, PETZSCH 1950, PRADEL 1985).

Bemerkenswert ist, dass sich während des gesamten Pleistozäns Überreste von Hamstern sowohl während der Glaziale als auch der Interglaziale finden (WERTH 1936, PRADEL 1985). Die Hamster lassen sich daher keiner bestimmten Faunengesellschaft zuordnen, obwohl v. KOENIGSWALD (1983) die holozänen Feldhamster als Relikte der Glazialfauna bezeichnet. Im Mittelpleistozän macht die Gattung eine Radiation durch und spaltet sich in drei bis vier unterschiedlich große Arten auf. Die kleinste Form war *Cricetus nanus* mit einer Länge der unteren Molaren von 6-7,5mm. Ähnlich groß wie *Cricetus cricetus*, jedoch mit abweichendem Molarenmuster von 7,5-8,5mm Länge, war *Cricetus praeglacialis* (KURTÈN 1968 in NIETHAMMER

1982). Ferner treten in vielen pleistozänen Faunen sehr große, sogenannte »Riesenformen« auf, deren untere Molarenreihe 9-10,5mm lang war, *Cricetus major* (teilweise auch nur mit Unterartrang *C. c. major*) genannt. Durch Knochen und Schädelfunde dieser Riesenhamster weiß man, dass sie etwa 20% größer als die heutigen Feldhamster gewesen sein müssen.

Nach PRADEL (1985) stehen diese großen Hamsterformen nicht außerhalb des fossilen und rezenten *Cricetus cricetus*, da man bei diesem die gleichen Merkmalskombinationen hinsichtlich der Molaren findet. Paläontologen sehen in *Cricetus praeglacialis* den Vorläufer für den heutigen Feldhamster und die Stammform für die Riesenformen (MAUL pers. Mitt.). Der kleine *Cricetus nanus* gilt als Seitenlinie. Nach FAHLBUSCH (1976) hingegen gilt auch *C. major* als Seitenlinie und ist nicht konspezifisch mit *C. cricetus*.

3 Körperbau und Fellzeichnung

Der Feldhamster besitzt einen kräftigen, gedrungenen Körperbau, wie er für Wühler typisch ist. Er ist etwa meerschweinchengroß und kann ausgewachsen bei einer Kopfrumpflänge von 200-300mm zwischen 200 und 650g, selten bis 1.000g wiegen. Männchen werden in der Regel größer und schwerer als Weibchen, es liegt ein Geschlechtsdimorphismus vor. Im Mittel sind Männchen ein Drittel schwerer als Weibchen, die Kopfrumpflänge und die Länge der Hinterfüße sind ca. 8% größer (Tab. 2).

Tab. 2: Gemittelte Körpermaße von adulten Feldhamstern aus Deutschland im Vergleich zu Tieren aus anderen Verbreitungsgebieten. Km = Körpermasse, KRL = Kopfrumpflänge, S = Schwanz, Hf = Länge Hinterfuß, Ohr = Länge Ohr, s = Standardabweichung, n = Stichprobengröße.

	Deutschland (eigene Daten der Autoren)								Österreich (Spitzenberger & Bauer 2001)		Ostslowakei (Grulich 1987)	
Sex n	♂♂ 122-144				♀♀ 117-132				♂♂ 29-41	♀♀ 12-19	♂♂ ~ 940	♀♀ ~ 695
		s	Min	Max		s	Min	Max				
Km [g]	366,5	76,5	208	530	276,5	63,4	133	431	369,9	247,6	376,8	267,2
KRL [mm]	242,0	21,9	190	300	223,6	23,7	170	275	232,1	225,5	236,2	211,7
S [mm]	49,2	6,1	34	68	47,5	5,5	36	65	53,4	48,6	46,6	43,3
Hf [mm]	35,8	2,4	30	41	33,3	2,2	27	42	34,4	31,8	35,6	32,7
Ohr [mm]	29,1	3,2	18	36	28,2	3,2	16	36	30,5	27,6	28,8	26,5

Seine Extremitäten sind kurz und heben den Körper nur wenig über den Boden. Die Vorderpfoten tragen vier bekrallte Finger, der Daumen ist bis auf eine Schwiele, an welcher noch ein Nagelrest ausgebildet sein kann, rudimentär. Die Hinterfüße besitzen fünf Zehen, die ebenfalls Krallen tragen (Abb.17). Der Kopf ist von stumpf-kegelförmiger Form, die häutigen Ohrmuscheln ragen deutlich aus dem Fell hervor. Die Augen sind mittelgroß und schwarz. Die Oberlippe ist gespalten und trägt zahlreiche Sinneshaare, von denen sich weitere zwischen Auge und Ohr sowie an den Handgelenken der Vorderpfoten finden. Die Nase ist unbehaart und trocken. Der Schwanz ist kurz und wird nur wenige Zentimeter (3-6cm) lang. Das Fell ist oberseits gelblichbraun bis mittelbraun gefärbt und mit schwarzen Stichhaaren durchsetzt. Die Behaarung wird allgemein als kurz, mittelfein, teils glatt und nicht sehr dicht bewertet (Dathe & Schöps 1986).

Die braunen Grannenhaare der Körperoberseite besitzen eine schwarze Spitze. Sie haben eine Länge von 20-21mm und eine Dicke von 0,0125-0,015mm an der Basis. Die Kutikula der welligen Wollhaare ist basal sägeförmig, sie werden als blaugrau bis schwarzschiefergrau beschrieben (Dathe & Schöps 1986). Neben den typischen Haarformen, wie Leit-, Leitgrannen-, Grannen-, Grannenwoll-, Wollgrannen- und Wollhaaren, kommen säbelförmige und andere abweichend gestaltete vor, wobei alle Haarformen kontinuierlich ineinander übergehen (Kourist 1957).

An Wange, Hals und Schulter befinden sich helle, cremefarbene Flecken. Bisweilen können auch an den Knien kleine, helle Partien ausgebildet sein. Die Schnauzenpartie ist weiß gefärbt, ebenso wie die Ohrränder, die Vorder- und Hinterpfoten. In starkem Kontrast zur eben beschriebenen Zeichnung steht die tiefschwarze Bauch-, Brust- und Kehlfärbung, welche allenfalls von einem weißen Brustfleck unterbrochen sein kann. Diese »Verkehrt- oder Inversfärbung« gibt es nur bei wenigen heimischen Säugetieren wie dem Dachs und sie macht den Hamster zu einer der buntesten Erscheinungen unter unseren heimischen Säugetieren. Sie war auch Anlass für den Zoologen und Tiergärtner Hans Petzsch, sich über deren biologischen Sinn Gedanken zu machen. Petzsch (1936, 1949, 1950) arbeitete viel über die Farbvarianten des Hamsters und interpretierte dessen übliche Fellzeichnung als Schreck- oder Warnfärbung, welche einem herannahenden Feind, etwa einem Rotfuchs oder Hermelin, durch Aufrichten auf die Hinterbeine präsentiert wird. Der schwarze Bauch zusammen mit den hellen Flecken der Körperseite sollen nach Petzsch (1949) einen weit aufgerissenen, zähnebewehrten dunklen Rachen simulieren, der dem Feind entgegenstarrt. Unterstützt wird die Täuschung durch das Kreischen und Fauchen des kampfbereiten Hamsters.

Neben der bunten Normalfärbung findet man auch Abweichungen, wie sie bei vielen Tierarten zu beobachten sind. So gibt es sehr helle, gelbbraune Tiere, welche als flavistische Formen bezeichnet werden, rötliche, dunklere Farbvariationen, Scheckungen sowie fließende Übergänge dazwischen (Petzsch 1936b, 1950). Weiterhin kommen rein weiße,

Abb. 6: Normalbunter (oben links) und melanistischer Hamster (oben rechts) und verschiedene Farbvariationen aus der Sammlung des Museums für Naturkunde Gotha (Fotos: A. KAYSER).

leuzistische Hamster mit schwarzen Augen vor, sowie Albinos, denen jegliche Pigmentierung, auch die der Augen, aufgrund eines genetischen Defektes fehlt. Eine Besonderheit stellen die melanistischen Hamster dar, welche bis auf weiße Schnauze, Vorder- und Hinterpfoten, Ohrränder und den möglichen Brustfleck rein schwarz sind (Abb. 6). Aufgrund der dominanten Vererbung der melanistischen Form (GERSHENSON & POLEVOI

1940, 1941, Petzsch 1940 in Petzsch & Petzsch 1956) und einer mit den normalbunten Hamstern vergleichbaren Fitness und Vitalität (Petzsch & Petzsch 1956) kann diese Färbung regional akkumulieren. Man kennt sie nur aus dem Thüringer Becken, der Ukraine und Baschkirien, wo sie mit Anteilen von 15% bis über 80% innerhalb der Populationen vorkommen kann (Zimmermann 1969, Vorontsov 1982). Die anderen Farbvariationen treten nur mit sehr geringen Anteilen und meist als Einzelexemplare auf, maximal wurden 1% in Fangaufkäufen dokumentiert (Bauer 1960, Zimmermann & Handtke 1968). In Sachsen-Anhalt traten zu Zeiten des kommerziellen Hamsterfanges innerhalb einer großen Fangserie von über 70.000 Stück Farbvariationen nur mit weniger als 0,1% auf, am häufigsten weiße, gefolgt von gescheckten und gelben Hamstern (Kayser & Stubbe 2000). Diese Farbabweichungen waren bei Männchen häufiger als bei Weibchen. Ihre Häufigkeit nahm innerhalb des 20. Jahrhunderts zusammen mit dem Rückgang des Feldhamsters signifikant ab (Kayser & Stubbe 2000, Abb. 7). Diese Häufigkeit variierte offensichtlich lokal, z.B. in der Umgebung eines Ortes oder eines Gebietes wie es Petzsch & Petzsch (1956) für gelbe und Zimmermann & Handtke (1968) für atypisch melanistische Formen angeben.

An den Flanken und am Nabel befinden sich Hautdrüsen, welche der Duftmarkierung der Streifgebiete und Baue dienen. Die Lage der Flankendrüsen ist durch einen dunklen Fellspalt gekennzeichnet und schon bei Jungtieren zu sehen.

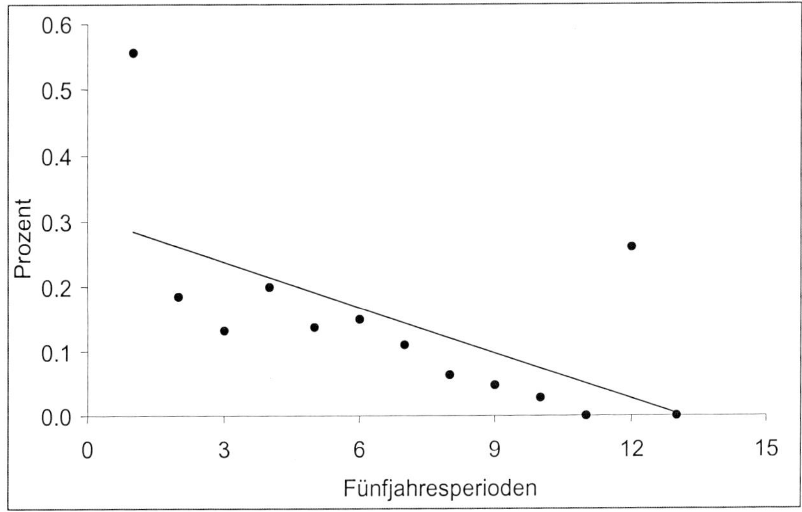

Abb. 7: Häufigkeit von Farbvariationen des Feldhamsters in den einzelnen Fünfjahresperioden zwischen 1916 und 1980 mit Trendgerade (Kayser & Stubbe 2000).

4 Anatomie

Schädel

Der Schädel des Feldhamsters besitzt eine Condylobasallänge von 40-50mm (Tab. 3). Das Rostrum und die Nasalia gelten im Vergleich zu den europäischen Mittelhamstern als breit, ebenso wie die Anteorbitalplatten. Die Jochbögen sind kräftig und weit ausladend (NIETHAMMER 1982). Die Parietalkanten sind bei adulten Tieren sehr deutlich ausgebildet und verlaufen nahezu parallel. Die schmalste Stelle des Schädels liegt vor der Mitte und ist durch die Interorbitalkanten gekennzeichnet (NIETHAMMER 1982, Abb. 8). Der Unterkiefer besitzt einwärts gebogene Artikularfortsätze, der Coronoidfortsatz ist stark gekrümmt (NIETHAMMER 1982).

Tab. 3: Gemittelte craniometrische Daten adulter Feldhamster. Cbl – Condylobasallänge; Nasb = Nasaliabreite; Nasl = Nasalialänge; Zyg = Breite über die Jochbögen; Iob = Interorbitalbreite; oZr = Länge der oberen Zahnreihe; Dia = Länge des oberen Diastema; Mand = Mandibellänge bis Processus angularis; HMand = Höhe Mandibel, n = Stichprobengröße.

	Ostslowakei (GRULICH 1987)		Jugoslawien (Vojvodina) (HABIJAN-MIKES et al. 1987)		Österreich (SPITZENBERGER & BAUER 2001)	
Sex n	♂♂ 703-813	♀♀ 530-586	♂♂ 75-89	♀♀ 48-50	♂♂ 43-46	♀♀ 18-19
Cbl [mm]	48,8	45,9	47,9	44,1	47,1	45,7
Nasb [mm]	--	--	6,3	5,8	6,2	5,9
Nasl [mm]	18,4	17,2	17,7	16,4	18,4	18,0
Zyg [mm]	28,2	26,7	28,5	25,9	28,6	27,0
Iob [mm]	6,3	6,2	6,3	6,1	6,3	6,0
oZr [mm]	7,65	7,6	7,5	7,4	7,6	7,5
Dia [mm]	15,5	14,9	15,1	13,8	15,3	15,0
Mand [mm]	29,5	27,9	29,4	27,1	29,8	28,6
HMand [mm]	--	--	15,5	13,8	--	--

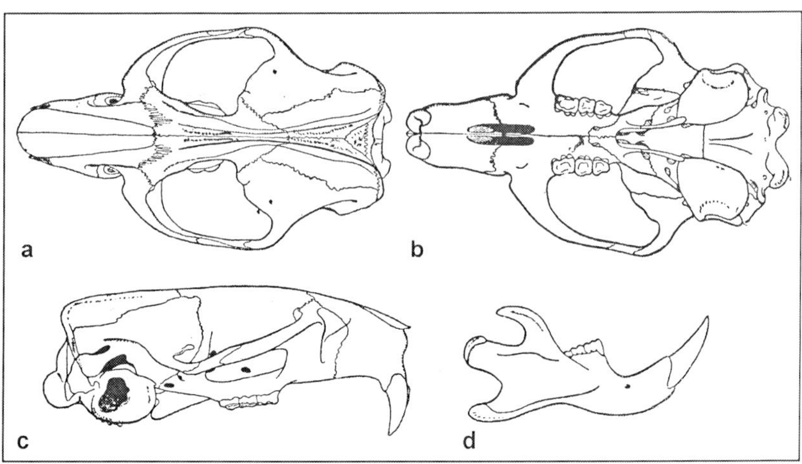

Abb. 8: Ansichten eines Hamsterschädels (Argyropulo 1933), a = dorsal, b = ventral, c = lateral, d = Unterkiefer.

Postcraniales Skelett

Der Beschreibung des Skelettes widmete sich bereits Sulzer (1774). Er verglich dieses mit den Skeletten von Schermaus, auch Große Wühlmaus oder Wasserratte (*Arvicola terrestris*) genannt, und Ratte, wobei nicht bekannt ist, ob er die Haus- oder Wanderratte meinte. Im Gegensatz zu diesen Tieren wirkt das Skelett des Hamsters sehr kräftig (Abb. 9). Der Hamster besitzt sieben Hals-, 13 Brust- und sechs Lendenwirbel, sowie drei Sakralwirbel und 14 z.T. sehr kleine Schwanzwirbel (Sulzer 1774). An Rippen können sieben echte und sechs falsche unterschieden werden, so dass der Hamster insgesamt 26 Rippen besitzt. Das Brustbein, mit welchem die echten Rippen artikulieren, besteht aus sechs Elementen (Sulzer 1774). Das Becken, bestehend aus Darm-, Sitz- und Schambein, ist – wie für Nager typisch – von länglicher Gestalt. Die Darmbeine sind dorsal-cranial gelegen und mit den Sakralwirbeln verbunden. Caudalwärts gerichtet bildet das Sitzbein zusammen mit dem von ventral herantretenden Schambein den Beckenkanal. In die Hüftgelenkgrube, welche aus allen drei Beckenelementen gebildet wird, gelenkt der Oberschenkel ein. Schien- und Wadenbein sind proximal und distal miteinander verwachsen. Das Schulterblatt ist breit und verhältnismäßig kurz, Schlüsselbeine sind vorhanden, der Oberarmknochen ist fast vollständig in die Leibeswand integriert, nur der Ellenbogen ist frei. Elle und Speiche sind parallel zueinander angeordnet und ebenfalls verwachsen.

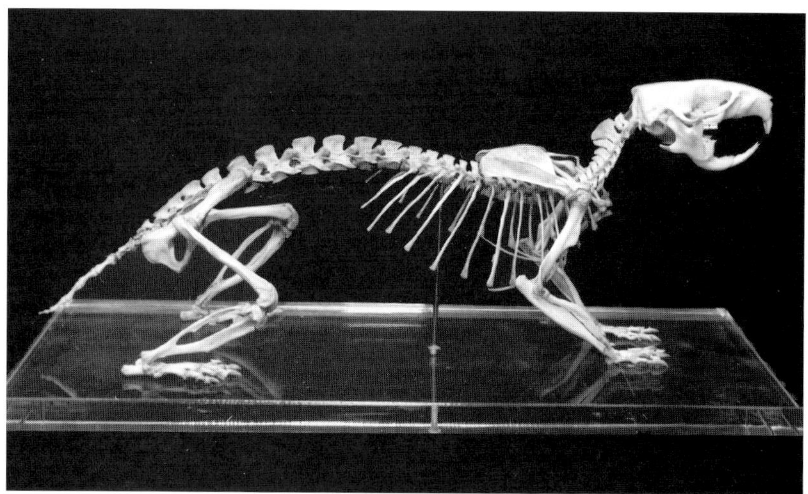

Abb. 9: Hamsterskelett (Foto: G. Adam).

Innere Organe

Die Anatomie und Topografie der Körperhöhlen ist bei Kittel (1954) sehr ausführlich bearbeitet worden. Im allgemeinen unterscheidet sich der Hamster in dieser Hinsicht nur wenig von anderen myomorphen Nagern. Es sollen daher an dieser Stelle nur die wichtigsten und für den Leser vielleicht interessantesten Eigenheiten dieser Art besprochen werden.

Organe des Brustraumes

Das Herz liegt im Pericard in einem Winkel von 30-40° zur Medianlinie, gemessen von der Herzbasis zur Herzspitze (Kittel 1954). Es entspricht im Aufbau einem typischen Säugerherzen und wird von der Lunge umgeben. Diese ist in einen dreiteiligen rechten Lappen, einen mittleren und linken Lappen unterteilt. Ein zusätzlicher kleiner Lappen (*Lobus intermedius accessorius*) wird noch als Anhang des mittleren Lungenlappens unterschieden (Kittel 1954).

Verdauungstrakt

Beginnend mit der Mundhöhle finden sich beim Hamster folgende Verhältnisse: Auffallend sind die zu Nagezähnen ausgebildeten oberen und unteren Incisivi, welche für alle Nagetiere typisch sind (Abb. 10). Zwischen ihnen und den Molaren liegt ein Diastema. Pro Kieferhälfte sind je drei bewurzelte, bunodonte Backenzähne ausgebildet, wobei die Schmelzhöcker zweireihig angeordnet sind. Die vorderen Molaren tragen sechs, alle weiteren vier Höcker (Niethammer 1982). Der Hamster besitzt daher folgende Zahnformel: $\frac{1003}{1003}$

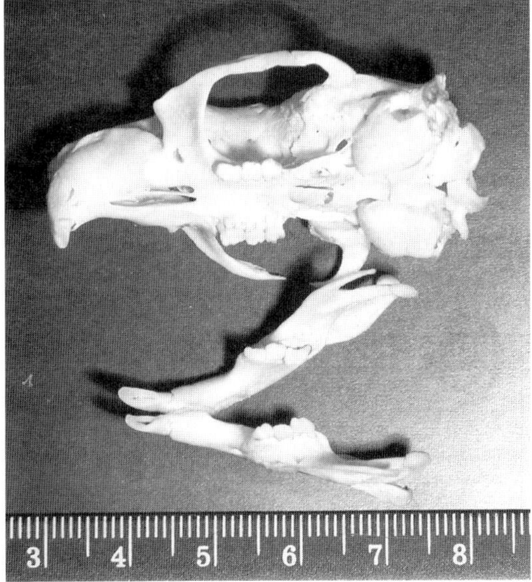

Abb. 10: Incisivi (Nagezähne) und Molaren (Backenzähne) von Ober- und Unterkiefer des Feldhamsters (Foto: U. Weinhold).

Der harte Gaumen ist mit Papillen und Leisten ausgestattet. Im Anschluss an die oberen Nagezähne findet sich eine Papilla incisiva, welche auf der Höhe der Foramina incisiva von zwei etwa 5mm langen Wülsten abgelöst wird, die in einem spitzen Winkel auf selbige stoßen. Vor und zwischen den Molaren liegen weiterhin Leistenpaare, welche mehr oder weniger senkrecht zur Körperachse orientiert sind (Kittel 1954). Den Mundboden bedeckt die 30-35mm lange und 7-8mm breite Zunge (Kittel 1954). In den Mundwinkeln entspringen die geräumigen und sehr dehnbaren Backentaschen als innere Ausstülpungen der Mundhöhle. Sie reichen bis an die Schulterblätter und können zusammen je nach Größe des Tieres bis zu 70 Stück Erbsen (50g) bzw. 60g Nahrung aufnehmen (Blunck 1958,

Holišová 1977). Zum Mundraum hin werden die Backentaschen durch einen Sphinctermuskel (*Musculus orbicularis oris*) verschlossen. Ihr Hinterende wird durch einen *Musculus retractor* gehalten, der sich vom *Musculus trapezius* ableitet (Böker 1935).

An die Mundhöhle schließt sich der Pharynx an, welcher unmittelbar in den Ösophagus übergeht (Kittel 1954). Dieser tritt durch das Diaphragma hindurch in den vorderen Magenabschnitt, den Vormagen, ein. An den Vormagen schließt sich der eigentliche Magen oder Drüsenmagen an. Eine Schlundrinne führt vom Ösophagus direkt in den Drüsenmagen. Die Zweikammerigkeit des Hamstermagens wird als Anpassung an die fast omnivore Ernährungsweise gedeutet, auf die im Kapitel 13 näher eingegangen wird (Abb. 11). Weiche, besonders animalische Kost wird über die Schlundrinne direkt dem Drüsenmagen zugeführt, in welchem bereits die Eiweißverdauung einsetzt. Harte, pflanzliche Kost wird zur Vorverdauung und Speicherung zunächst dem Vormagen zugeleitet, dessen Inneres mit einem verhornten Plattenepithel ausgekleidet ist und der histologisch eine Fortsetzung des Ösophagus darstellt (Böker 1935, Petzsch 1950).

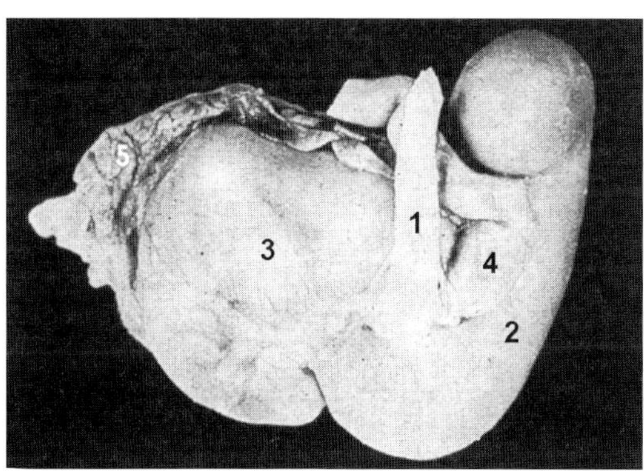

Abb. 11: Gliederung des Magens eines Feldhamsters: 1 – Öspohagus, 2 – Vormagen, 3 – Drüsenmagen, 4 – Duodenum, 5 – Pankreas (aus Kittel 1954).

Unmittelbar neben dem Ösophagus verlässt das Duodenum, in das die Gänge der Darmanhangsdrüsen Pankreas und Leber münden, den Magen. Die Leber ist neben dem Verdauungstrakt das auffälligste Organ des Bauchraumes und soll daher kurz Erwähnung finden. Sie liegt cranial unmittelbar dem Diaphragma an und umschließt caudal einen Großteil des Magens. Ihre Lappen lassen sich in je einen vorderen und hinteren linken bzw. rechten Lappen sowie in einen *Lobus caudatus* und *Lobus papilliformis* unterscheiden. Eine Gallenblase fehlt (Kittel 1954).

Es folgt der Dünndarm, der längste Darmabschnitt, an dessen Übergang zum Dickdarm ein Blinddarm oder Caecum ausgebildet ist. Auch das Caecum ist für die Verdauung von harter Pflanzennahrung von wichtiger Funktion, denn es beherbergt symbiontische Bakterien, welche Cellulase freisetzen, ein Enzym, das Zellulose verdaut (MÜLLER 1998). Die Spaltprodukte werden von den Bakterien aufgenommen und daraus körpereigene Substanzen aufgebaut. Ähnlich wie beispielsweise bei Berglemming (*Lemmus lemmus*) und Wanderratte (*Rattus norvegicus*) (BJÖRNHAG 1994) produziert auch der Hamster eine Art Weichkot (Caecotrophe), welchen er hin und wieder zu sich nimmt. In diesem befinden sich die Verdauungsprodukte der symbiontischen Bakterien sowie diese selbst, vor allem jedoch deren Proteine und Vitamine, welche für den Hamster von Bedeutung sind. Auf diese Weise gelingt es vielen Nagern, die Verdauung von Pflanzennahrung zu optimieren. Im Rahmen von Filmaufnahmen konnten Jungtiere dabei beobachtet werden, wie sie den Kot der Mutter fraßen, vermutlich um sich mit den nötigen symbiontischen Bakterienstämmen zu »impfen«, welche für die Zelluloseverdauung unerlässlich sind. Genauere Untersuchungen hierzu fehlen allerdings.

An das Caecum schließt sich der aufsteigende Ast des Dickdarms an, der über das *Colon transversum* in den absteigenden Ast des Dickdarms übergeht. In diesem lassen sich bereits geformte Kotbohnen erkennen, die über ein kurzes *Rectum* dem After zugeführt werden (Abb. 12).

Abb. 12: Hamsterlosung, links von einem Weibchen, rechts von einem Männchen (Foto: U. WEINHOLD).

Urogenitalsystem

Das Urogenitalsystem unterscheidet sich nicht von dem anderer Myomorpha (Abb. 13). Die Nieren sind bohnenförmig und liegen der Leibeshöhle dorsal an, wobei ihre Kelche der Wirbelsäule zugewandt sind. Die rechte Niere ist dabei etwas weiter cranialwärts verschoben als

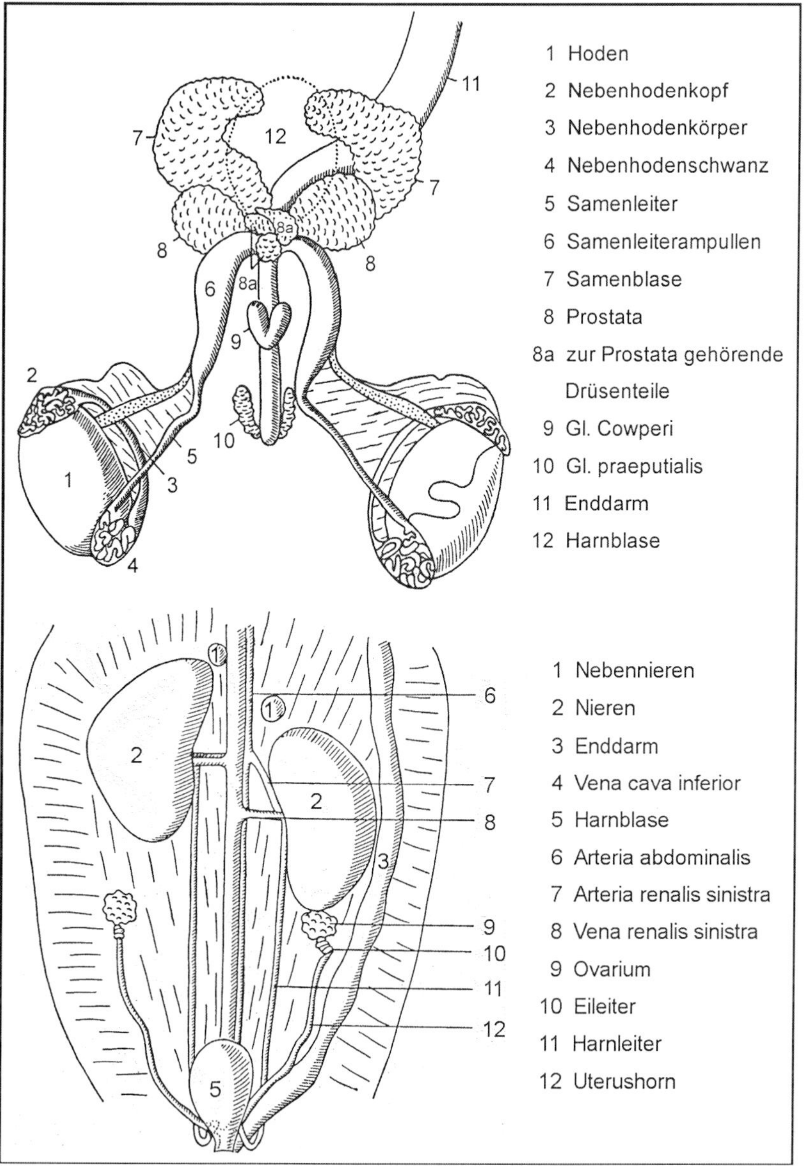

Abb. 13: Urogenitalsystem des Feldhamsters, oben von einem Männchen, unten von einem Weibchen (aus Kittel 1954).

die linke. Beide leiten über die Ureteren, welche median parallel zur *Vena cava posterior* liegen und in die Harnblase münden, ab. Von der Harnblase führt die *Urethra* nach außen. Jeweils cranial der eigentlichen Nieren liegen die Nebennieren als kleine rundliche Gebilde (Kittel 1954). Die physiologische Leistungsfähigkeit der Hamsternieren liegt in ihrer Anpassung an semiaride (halbtrockene) Lebensräume. Dies äußert sich in der Fähigkeit zur hohen Urinkonzentration bei Wassermangel auf 2 986 mOsmol/kg H_2O gegenüber dem Normalwert von 725mOsmol/kg H_2O (Trojan 1979).

Adulte Männchen zeigen einen saisonalen Abstieg der Hoden aus der Bauchhöhle (*Descensus testiculorum*). Während der Paarungzeit von April bis August liegen die Hoden im *Scrotum*, sie können laut Kittel (1954) eine Länge von 20-25mm und einen Durchmesser von 11-13mm erreichen. Grulich (1986) gibt dabei eine Mindestlänge von 18mm für sexuelle Aktivität an. Kleinere Hoden enthalten nur wenig oder gar kein Sperma. Außerhalb der Paarungszeit liegen die deutlich rückgebildeten Hoden im Bauchraum. Bei großen und schweren männlichen Hamstern fand Grulich (1986) im Dezember eine durchschnittliche Testikularlänge von 8,8mm, im Mai hingegen eine Länge von 24,6mm. Dies bedeutet, dass die Hodenlänge zum Frühjahr hin um etwa 65% zunimmt. Der Penis ist in Ruhe s-förmig eingekrümmt und bis auf ein kurzes Stück in einer Hauttasche verborgen, eine Beobachtung, die schon Sulzer (1774) machte und die von Kittel (1954) bestätigt wird. In der Eichel findet sich der Penisknochen, welcher aus einem dreifingrigen Kopf und einer unpaaren Basis besteht (Abb. 14, Sulzer 1774, Kittel 1954, Niethammer 1982).

Die Verhältnisse bei weiblichen Hamstern entsprechen ebenfalls denen anderer Myomorpha. Die Ovarien liegen wie die Nieren dorsal in der Leibes-

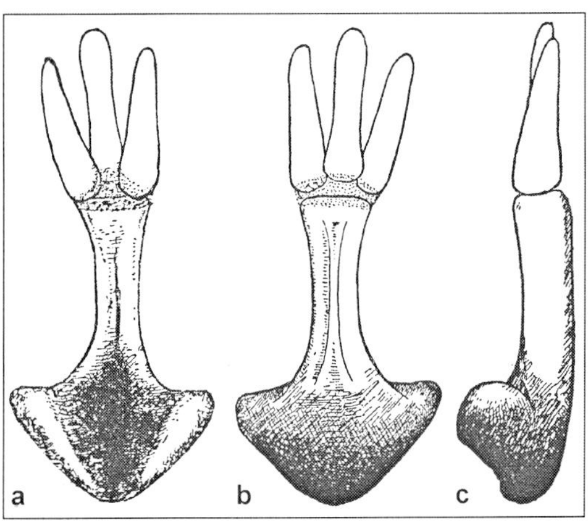

Abb. 14: *Os penis* des Feldhamsters (nach Argyropulo 1933).

höhle und sind caudal von diesen zu finden. Der Uterus ist ein für Nager typischer *Uterus duplex*, dessen Hörner in eine unpaare Vagina münden. Die Klitoris liegt frei und ähnelt auf den ersten Blick dem Penis der Männchen, was außerhalb der Paarungszeit und vor allem bei Jungtieren leicht zu Verwechslungen führen kann. Bei jungen, unverpaarten Weibchen ist die Vagina zudem noch nicht perforiert, dadurch wird die Geschlechtsdetermination schwierig. Als Hilfe dient hierbei der Abstand der Klitoris zum Anus, welcher bei weiblichen Tieren immer geringer ist als der entsprechende Abstand von Penis zu Anus bei männlichen (Abb. 15). Interessant erscheint in diesem Zusammenhang die Beobachtung an adulten weiblichen Hamstern im Labor und im Freiland, die ähnlich der Retraktion der Hoden bei den Männchen einen saisonalen Verschluss der Vagina zeigen (Wollnik, Grulich, Kayser pers. Mitt).

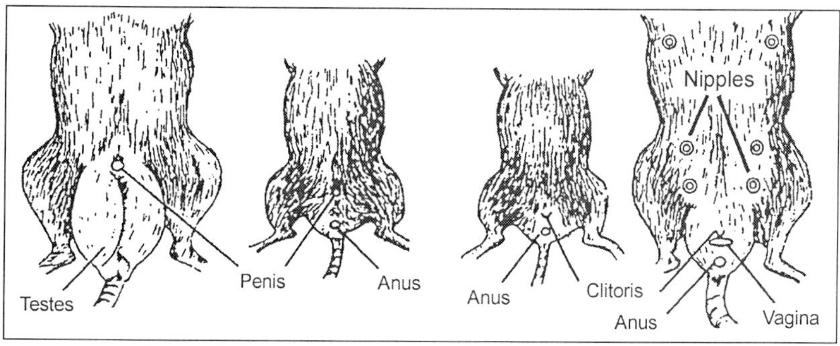

Abb. 15: Geschlechtsdetermination von geschlechtsreifen männlichen (links außen, vergrößerte Testes verdecken Anus) und weiblichen (rechts außen) sowie nicht geschlechtsreifer bzw. junger männlicher (Mitte links) und weiblicher (Mitte rechts) Nagetiere (Gurnell & Flowerdew 1994).

5 Fortbewegung

Die übliche Fortbewegungsweise ist die vierfüßige, welche in den Gangarten Schritt, Trab und Galopp vorkommt (siehe auch Eibl-Eibesfeldt 1953, welcher noch Springen und Schwimmen unterscheidet). Dabei setzt der Feldhamster mit der gesamten Sohle der Vorderpfoten auf, zeigt also Plantigradie, wobei er den Hinterfuß semiplantigrad, also nur zum Teil, auf den Boden aufsetzt. Beim sehr langsamen Schritt drückt sich das Tier möglichst flach über den Boden, wohingegen mit zunehmender Geschwindigkeit der Körper immer mehr über diesen erhoben wird. Erstere Fortbewegung wird vor allem bei äußerster Vorsicht oder auf unbekanntem Terrain gezeigt, letztere eher bei der Suche nach Nahrung oder deren Rücktransport zum Bau auf bekannten Wegen. Sind höhere Geschwindigkeiten erforderlich, verfällt der Hamster in einen zügigen Trab, bei der Flucht geht er in einen Sprunggalopp über. Dabei stößt er sich mit seinen kräftigeren Hinterbeinen ab und fängt den Sprung mit den möglichst weit ausgreifenden Vorderbeinen ab. Die Hinterbeine fußen dabei im extremsten Falle neben den stützenden Vorderextremitäten, wobei die Wirbelsäule maximal gekrümmt wird, um den Körper sogleich wieder nach vorne zu schnellen.

Zur Selbstverteidigung stellt sich der Hamster auf seine Hinterfüße (Abb. 16) und springt dem Angreifer entgegen bzw. an ihm hoch. Bei der Lan-

Abb. 16: Zur Verteidigung springen Hamster ihren Gegner kreischend und mit aufgeblasenen Backentaschen an (Foto: A. Kayser).

dung kippt er allerdings oft vornüber und muss sich mit seinen Vorderbeinen abfangen.

Eine weitere für den Hamster als Wühler sehr typische Art der Fortbewegung oder auch Voranbewegung ist das Graben, welches nach Böker (1935) als Scharrgraben bezeichnet wird. Dabei wird die Erde abwechselnd mit den Vorderpfoten (z.T. unter Zuhilfenahme der Nagezähne) vor dem Kopf gelockert und nach hinten unter den Bauch geworfen (Sulzer 1774, Böker 1935). Hat sich ausreichend Erde angesammelt, befördern die Hinterfüße das Material nach hinten und wiederholen im Rückwärtsschreiten den Vorgang, bis die Erde aus dem Bau geworfen wird (Böker 1935). Da das Scharrgraben in Supinationsstellung erfolgt, werden die radialen, also ersten Finger weniger beansprucht und verkümmern. Die Vorderpfoten des Hamsters sind demzufolge vierfingrige Grabpfoten, die Hinterfüße bleiben fünfzehig und unspezialisiert (Abb. 17).

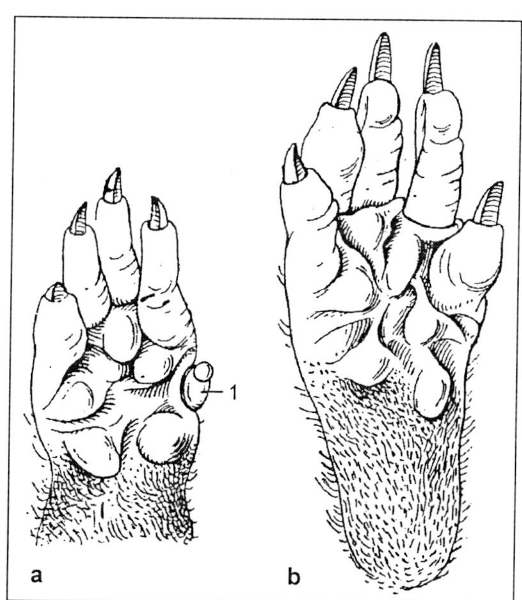

Abb. 17: Zeichnung der Vorder- (a) und Hinterpfote (b) des Feldhamsters , 1 = Daumenrudiment (Böker 1932 nach Böker 1935).

6 Sinnesleistungen

Über die Sinnesleistungen des Feldhamsters gibt es fast keine wissenschaftlichen Untersuchungen. Dies mag daran liegen, dass die Art in Haltung, Zucht und Umgang recht schwierig ist. Daher können hier nur qualitative Aussagen gemacht werden. Der optische Sinn des Feldhamsters ist in erster Linie dem frühen Erkennen von potenziellen Gefahren angepasst und daher auf Bewegungen adaptiert (WENDT 1989). Auch die Lage der Augen oben auf dem Kopf ermöglicht ein leichtes Erkennen potenzieller Prädatoren (LEICHT 1979). Gegenüber sich rasch nähernden Objekten reagieren Hamster sofort mit Sich-Aufrichten und abwehrendem Drohen bzw. Angriff. Verhält man sich in Gegenwart eines aggressiven Hamsters ruhig, so wird dieser nach wenigen Augenblicken seine Drohgebärden einstellen, auf alle viere gehen und sich davonmachen. Um eine höhere Auflösung auch bei schlechten Lichtverhältnissen zu erreichen, befinden sich in der Retina überwiegend die zum Hell-Dunkel-Sehen befähigten Stäbchen. Feldhamster gelten daher als farbenblind (WENDT 1989). Allerdings fehlt ihnen ein *Tapetum lucidum*, welches vor allem Tiere besitzen, die nacht- bzw. dämmerungsaktiv sind. Dies bedeutet, dass der Hamster zum einen, was seine Augen angeht, kein ausgesprochenes Nachttier ist, aber zum anderen auch, dass der optische Sinn zur Orientierung im Lebensraum nicht die Hauptrolle spielt. Vor dem Sehen stehen sicherlich die akustische und olfaktorische Wahrnehmung. Hamster hören und riechen mögliche Gefahren oder Artgenossen in den meisten Fällen sicherlich wesentlich früher, als sie sie zu Gesicht bekommen. Die obere Hörgrenze wird laut WENDT (1989) mit 14kHz angegeben. Der Geruch dient unter anderem der Geschlechterfindung während der Paarungszeit, spielt aber auch im Territorialverhalten und zur räumlichen Orientierung der Art eine große Rolle. Auf die hohe Bedeutung der olfaktorischen Orientierung, die durch das Vorhandensein mehrerer Duftdrüsen an Nabel, Flanken und Wangen unterstrichen wird, verweist EIBL-EIBESFELDT (1953). Da Junghamster auf der Suche nach einer Bleibe auch Althamsterbaue übernehmen, ist es sehr wahrscheinlich, dass sie über den Geruch zuerst feststellen, ob diese tatsächlich verlassen sind oder nicht. In den Bauen dienen vor allem die Tasthaare an Schnauze, Flanken und Extremitäten zur Nahorientierung (WENDT 1989). Gehör und Geruch dienen in diesem Zusammenhang der Fernorientierung.

7 Sozialverhalten

Feldhamster sind Einzelgänger, die auch zur Jungenaufzucht keine Paarbindungen eingehen (siehe auch Kapitel Reproduktion). Sie haben daher naturgemäß ein sehr hohes innerartliches Aggressionspotenzial. Aggressive Auseinandersetzungen zwischen Feldhamstern sind immer Beschädigungskämpfe, auch Kannibalismus kommt vor. Eibl-Eibesfeldt (1953) unterscheidet hier zwischen Rivalenkämpfen, die nur während der Paarungszeit auftreten, und Revierkämpfen, die sowohl während als auch außerhalb dieser Zeit stattfinden. Die zu historischen Zeiten vielfach verbürgten, hohen Hamsterdichten belegen aber, dass es wohl nur selten zu solchen gefährlichen Auseinandersetzungen kommt und die Tiere sich in der Regel aus dem Weg gehen.

Die Möglichkeiten der innerartlichen Kommunikation sind aufgrund der solitären Lebensweise wenig differenziert. Feldhamster äußern bei Beunruhigung und Erregung das für Nager typische Zähnewetzen mit den Nagezähnen. Kreischen und Fauchen dienen als Droh- und Schrecklaute zur Abwehr von Feinden und Artgenossen, Kreischen wird auch bei Schmerzempfinden geäußert. Unterstützt werden diese Lautäußerungen durch das Aufrichten auf die Hinterbeine, das Aufblasen der Backentaschen und das Zeigen der kontrastreichen Unterseite.

Sehr komplex ist hingegen das Paarungsvorspiel dieser einzelgängerisch lebenden Tiere, welches jedoch im Kapitel Reproduktion eingehend besprochen wird.

An Komfortbewegungen ist insbesondere das Sichputzen, bzw. die Fellpflege zu nennen, die Feldhamster sehr oft und vorrangig im Bau ausführen (Abb. 18). Gegenseitige Fellpflege hingegen lässt sich nur in kurzen Zeitfenstern zwischen den Wurfgeschwistern, der Mutter und ihren Jungen sowie zwischen Männchen und Weibchen während des Paarungsgeschehens beobachten (Eibl-Eibesfeldt 1953).

Abb. 18: oben: Sich vor seinem Baueingang putzender Feldhamster; **unten:** Beobachtung von zwei subadulten Männchen an einem Bau im Oktober (Fotos: A. Kayser).

8 Reproduktion

Das Paarungssystem der Feldhamster ist polygam, genauer sogar multigam, da neben Polygynie zumindest im Jahresverlauf auch Polyandrie vorkommen kann (Kayser 2002). Tragzeit und Jungenaufzucht sind auf wenige Wochen beschränkt. Feldhamster gelten daher, wie alle Wühler, als typische R-Strategen, die sich innerhalb einer Aktivitätsperiode mehrfach fortpflanzen und viele Nachkommen zeugen können.

Weibliche Feldhamster werfen in Westeuropa allgemein zweimal im Jahr durchschnittlich sechs bis zehn Junge. In Osteuropa und im südlichen Teil Mitteleuropas kann aufgrund einer längeren Fortpflanzungszeit infolge milderen Klimas auch ein dritter Wurf erfolgen (Nechay 2000, Franceschini 2002). Die Variationsbreite der Anzahl der Jungtiere pro Wurf schwankt dabei sowohl im Freiland als auch im Labor stark von minimal meist drei bis fünf und maximal acht bis zwölf. Eine zusammenfassende Betrachtung gibt Grulich (1986). Bereits Petzsch (1943, 1950) weist wiederholt darauf hin, dass die Anzahl überlebender Hamster in Würfen selten größer als acht ist, was er auf das Verdrängen der schwächeren Tiere von den acht Zitzen zurückführt. In aktuellen Freilanduntersuchungen waren die Wurfgrößen vergleichsweise gering und betrugen im Mittel 2,5 und 3,7. Minimal war es ein Jungtier, maximal waren es elf (Seluga et al. 1996, Weinhold 1998, Kayser & Stubbe 2003, Pluskota 2003). Noch 10-15 Jahre früher wurde eine mittlere Anzahl von zwölf Embryonen festgestellt, wobei die Einzelwerte zwischen vier und 19 schwankten (Weber & Stubbe 1984). Durch prä- und postnatale Mortalität sinkt dieser Wert. Dadurch kann die Anzahl Jungtiere, die in einem Alter von ca. drei Wochen auf dem Wurfbau erscheint und im folgenden mit Minimalwurfgröße bezeichnet wird, durch Mortalität bedingt beträchtlich niedriger als die ursprüngliche Wurfgröße bzw. infolge von Resorptionen als die Anzahl angelegter Embryonen sein. Zusätzlich sind die juvenilen Hamster auch anderen Mortalitätsursachen wie z.B. der Prädation (siehe Kap. 17, Kayser 2002) in besonderem Maße ausgesetzt.

Mit der Ernte reduziert sich die Deckung im Sommer in der Reproduktionsperiode fast auf Null. Dadurch steigt die Erreichbarkeit der Feldhamster als potenzielle Beute von Greifvögeln und Carnivoren. Noch unerfahrene Junghamster können dadurch leicht gefressen werden. Die festgestellten Minimalwurfgrößen waren vor der Ernte auch signifikant größer als die von Würfen, die erst nach der Ernte auf den Stoppelfeldern nachgewiesen wurden (Abb. 19).

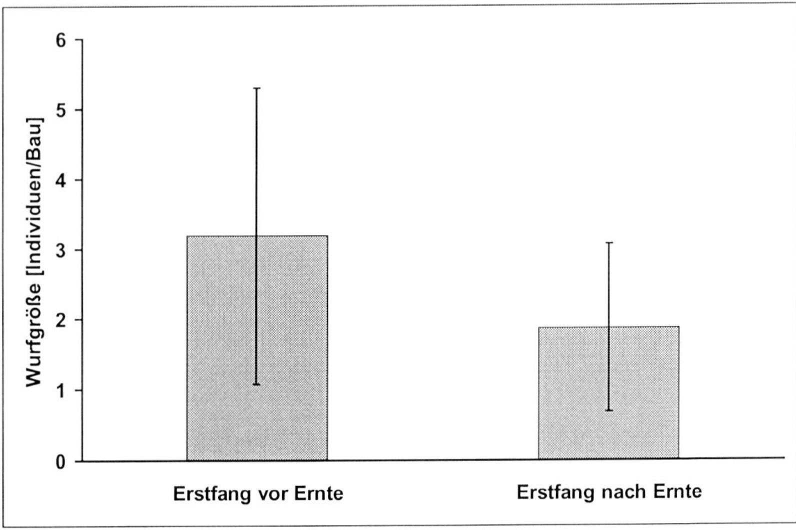

Abb. 19: Vergleich der durch Lebendfänge ermittelten mittleren Minimalwurfgrößen vor und nach der Ernte (Unterschiede signifikant, p = 0,01, t-Test) (Kayser & Stubbe 2003).

Der Fortpflanzungszeitraum variiert zwar mit der geografischen Verbreitung und dem Klima, liegt aber in der Regel in Deutschland zwischen April/Mai und August, wobei er im Osten Deutschlands etwas später beginnt (Anfang/Mitte Mai) und früher endet (Juli, Anfang/Mitte August) als im Südwesten (Petzsch 1936, Müller 1960, Weinhold 1998, Seluga et al. 1996, Kayser & Stubbe 2003). In Jugoslawien, Ungarn, Rumänien, Frankreich und der Slowakei liegt der Beginn Ende März/April, teilweise sogar früher, und das Ende im August, zum Teil sogar erst im September (Saint Girons et al. 1968, Nechay et al. 1977, Krsmanović et al. 1984, Krsmanović 1986, Grulich 1986, Ružić 1978). Grulich (1986) vermutet, dass der spätere Beginn in Sachsen-Anhalt möglicherweise infolge des ungünstigeren Klimas zustande kommt. Allgemein wird für das ursprüngliche Steppentier Feldhamster angegeben, dass warme und trockene Jahre hamsterreich sind, während regenreiche und nasse Jahre die Bestände reduzieren (Petzsch 1950). Diese Annahme wird durch eine negative Korrelation der Anzahl Junghamster mit der Niederschlagssumme im Mai unterstützt (Abb. 20, Kayser & Stubbe 2003).

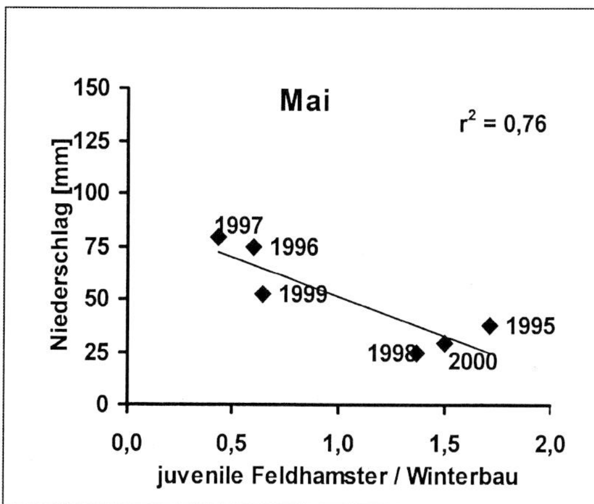

Abb. 20: Anzahl insgesamt gefangener Junghamster pro Jahr pro im Frühjahr geöffnetem Winterbau in Bezug zum Niederschlag des Monats Mai auf einer Fläche im Hakelgebiet in Sachsen-Anhalt (Kayser & Stubbe 2003).

Auch innerhalb einer Region können zwischen verschiedenen Jahren in Abhängigkeit von der Witterung z.T. erhebliche Unterschiede für Beginn und Ende der Fortpflanzungsperiode auftreten (Tab. 4). Paarungen im August konnten im Nordharzvorland nicht mehr nachgewiesen werden (Kayser & Stubbe 2003).

Tab. 4: Dauer der Fortpflanzungsperiode in Sachsen-Anhalt anhand der Paarungszeiträume in aufeinander folgenden Jahren, abgeleitet anhand des Alters der ersten und letzten Fänge von kleinen Junghamstern im Jahr (nach Kayser & Stubbe 2003, verändert). Dek = Dekade.

	April	Mai			Juni			Juli			August
Jahr	3. Dek	1. Dek	2. Dek	3. Dek	1. Dek	2. Dek	3. Dek	1. Dek	2. Dek	3. Dek	1. Dek
1994					■	■	■	■			
1995	-	-	■	■	■	■	■	■	■	■	
1996						■	■	■	■	■	
1997	- -	■	■	■	■	■	■	■	- -		
1998		■	■	■	■	■	■	■			
1999			- -	■	■	■	■	■	■	■	
2000				■	■	■	■	■	■	■	

Durch die längere Dauer des Fortpflanzungszeitraumes in Ungarn und Jugoslawien konnte dort die Teilnahme von Weibchen des ersten Wurfes an der Reproduktion im gleichen Sommer nachgewiesen werden (Nechay et al. 1977, Krsmanović 1986). Reproduktion von Weibchen bereits im Geburtsjahr ist in Deutschland kaum möglich, da Junghiere des ersten Wurfes im günstigsten Falle zum letzten Paarungstermin maximal 70 Tage alt wären. Nach MOHR et al. (1973) und VOHRALIK (1974) zeigten Weibchen die ersten Anzeichen eines Östrus aber erst nach über 80 Tagen. In Ungarn wurden Mitte April die ersten Jungtiere gefangen, Mitte Mai waren einige Weibchen bereits in der zweiten Trächtigkeit, andere dagegen erst Mitte Juni. Die Weibchen blieben hier zwar bis Mitte September konzeptionsfähig, doch begannen die Männchen bereits Ende August mit dem Winterschlaf (NECHAY et al. 1977). Dies deckt sich mit Ergebnissen aus Deutschland, bei denen sich die skrotalen Hoden der Männchen bereits im August zurückbildeten (KAYSER & STUBBE 2003). Anhand des Vorhandenseins von großen skrotalen Hoden bzw. des Fehlens dieser lassen sich Rückschlüsse auf die Teilnahme am Reproduktionsgeschehen ziehen (siehe Kapitel Urogenitalsystem). Von Mai bis in die erste Augusthälfte wiesen alle im Freiland gefangenen Männchen große skrotale Hoden als Anzeichen sexueller Aktivität auf (KAYSER & STUBBE 2003). Im April war bei einem Teil der Tiere noch kein Descensus testiculorum erfolgt, bzw. in der zweiten Augusthälfte waren die Hoden bereits wieder in die Bauchhöhle zurückgezogen, wo sie während des Winterschlafes bleiben. Wie viele der Männchen aber wirklich am Reproduktionsgeschehen beteiligt sind, bleibt weiteren Studien in Verbindung mit genetischen Vaterschaftstests vorbehalten.

Unter günstigen Bedingungen kann sich der Reproduktionszeitraum wesentlich verlängern. GRULICH (1986) fing 1972 bei einer Gradation in der Ostslowakei trächtige Weibchen, die sich bereits im Februar verpaart hatten. Die letzten noch trächtigen Tiere konnte er im August nachweisen. Unter solchen Gegebenheiten erhöht sich folglich die Wurfzahl, welche dann nach GRULICH (1986) ein Vielfaches der sonst üblichen zwei Würfe betragen kann.

Die Wurfzahl V kann nach folgender Formel berechnet werden:

$$V = \frac{T}{tp \cdot d}$$

Wobei T der empirisch ermittelte Reproduktionszeitraum ist, (tp) die Trächtigkeitsdauer und (d) die Pause zwischen den Verpaarungen (PETRUSEWICS 1967 nach GRULICH 1986). VOHRALIK (1974) fand bei seinen Zuchtversuchen, dass Weibchen kurze Zeit nach der Geburt wieder fruchtbar sein können. Der Abstand (d) würde demnach nur wenige Stunden oder Minuten betragen. Dies würde bedeuten, dass ein Hamsterweibchen unter optimalen Bedingungen, bei einer mittleren Trächtigkeitsdauer von 20 Tagen und einem langen Reproduktionszeitraum von sieben Monaten rein rechnerisch bis zu neun Würfe bringen könnte (GRULICH 1986). Im Freiland dürfte dies allerdings kaum der Fall sein, da viele verschiedene Faktoren das Reproduktionsverhalten beeinflussen können. So ist bekannt, dass die Trächtigkeitsdauer zwischen 17 und im Falle einer durch gleichzeitige Jungenaufzucht bedingten Keimruhe bis zu 37 Tagen beträgt (Abb. 21). Vor allem die zweite und dritte Trächtigkeit sind in der Regel länger. Dies wird der schlechteren Kondition bzw. der Auszehrung der Mutter durch die Aufzucht des ersten Wurfes zugeschrieben (Niethammer 1982, Franceschini & Millesi 2001). Obwohl weibliche Feldhamster zu einem postpartum Östrus befähigt sind, dürften unter natürlichen Bedingungen meist mehrere Tage zwischen der Geburt und einer erneuten Verpaarung liegen, da fruchtbare, aber noch laktierende Weibchen gegenüber Männchen aggressives Verhalten zeigen (Franceschini & Millesi 2001). Die östrische, empfängnisbereite Periode dauert einige Stunden bis zwei Tage und tritt alle vier bis sechs Tage auf, Proöstrus und Metöstrus dauern nur wenige Stunden (Reznik-Schüller et al. 1974).

Das hohe Reproduktionspotenzial der Art mit jährlich bis zu drei Würfen von im Mittel sechs bis zehn Jungtieren, was von vielen Autoren im 20. Jahrhundert belegt wurde (u.a. Nechay et al. 1977, Weber & Stubbe 1984, Grulich 1986), wird gegenwärtig in Deutschland insgesamt deutlich unterschritten (Seluga et al. 1996, Stubbe et al. 1997, Kayser & Stubbe 2003). Die genauen Ursachen dieser geringen Reproduktion sind noch unbekannt, möglicherweise handelt es sich um einen Faktorenkomplex. Außerdem weist der erste Wurf im Leben eines Weibchens meist eine geringere Wurfgröße auf (Wendt pers. Mitt.). Verbunden mit einer gegenwärtig niedrigen Lebenserwartung der adulten und damit fortpflanzungsfähigen Tiere von meist nur einem Jahr (siehe Kap. 9) senkt dies ebenfalls die Gesamtreproduktion, da sich die Feldhamsterweibchen während ihres Lebens dann nur ein- oder zweimal, selten öfter an der Reproduktion beteiligen.

Männliche Hamster beteiligen sich nicht an der Jungenaufzucht. Sie sind bestrebt, während der Aktivitätsperiode möglichst viele Weibchen zu begatten. Zu diesem Zweck streifen sie umher und prüfen, ob die Weibchen in ihrer Umgebung paarungswillig sind. Dabei kann es vorkommen, dass einzelne Weibchen regelmäßig besucht werden und das Streifgebiet des Männchens mehrere Streifgebiete von Weibchen umfasst (Karaseva 1962, Weinhold 1998). Nach Grulich (1986) sind vor allem Männchen höherer Gewichts- und Altersklassen am Reproduktionsgeschehen beteiligt, noch nicht überwinterte Tiere spielen eine Nebenrolle. In Deutschland wurden bisher keine Jungtiere gefangen, die im gleichen Jahr zeitig genug eine für die Fortpflanzung ausreichende Körpermasse und -größe erreichen konnten (Kayser & Stubbe 2003). Paarungsbereite Weibchen halten sich häufiger außerhalb des Baues auf und laufen innerhalb ihres Streifgebietes herum, wie Laborstudien zur Aktivitätsrhythmik und Freilanduntersuchungen

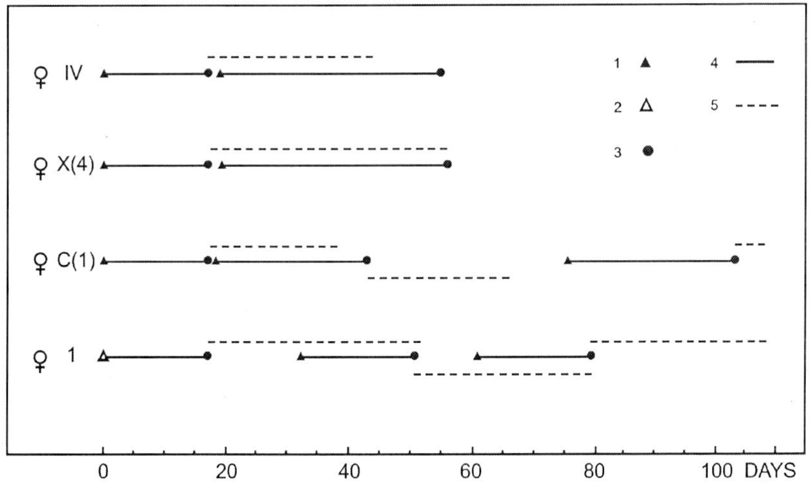

Abb. 21: Reproduktionsverhalten weiblicher Feldhamster mit einer verlängerten zweiten bzw. dritten Trächtigkeit: 1 = Kopula, 2 = vermutete Kopula, 3 = Niederkunft, 4 = Trächtigkeitsdauer, 5 = Präsenz der Jungtiere zusammen mit der Mutter (Vohralik 1974).

zeigen (Wollnik et al. 1991, Franceschini & Millesi 2001). Dadurch setzen sie mehr Duftmarken in ihrem Territorium ab, die sich geruchlich von denen nicht östrischer Weibchen unterscheiden. Durch diese erhöhte, aktive und olfaktorische Präsenz sind sie für Männchen schneller und leichter auszumachen.

Dennoch sind in der Regel nie alle Weibchen gleichzeitig an der Reproduktion beteiligt. Der Anteil an der Reproduktion beteiligter Weibchen war im Nordharzvorland bereits in den 1980er Jahren mit knapp 50% in der ersten Junihälfte (Weber & Stubbe 1984) bedeutend geringer als in anderen Regionen wie z.B. der Ostslowakei (Grulich 1986) oder Polen (Górecki 1977), wo bis über 80% der Weibchen während der Fortpflanzungsperiode an der Reproduktion beteiligt waren. Dies könnte aber mit dem späteren, langsamen Beginn der Reproduktion im Nordharzvorland zusammenhängen, da im September 82% der gefangenen Weibchen (n = 61) Uterusnarben aufwiesen (Weber & Stubbe 1984). Bei telemetrischen Untersuchungen konnte in den 1990er Jahren in den Sommermonaten ein Anteil von 64% bei 11 Weibchen festgestellt werden (Kayser & Stubbe 2003).

Ist ein Weibchen in Paarungsstimmung, duldet es anfangs nur die Anwesenheit eines Männchens, welches zunächst beginnt, seine Duftmarken im Territorium des Weibchens zu verteilen (Eibl-Eibesfeldt 1953). Nun folgt ein kompliziertes Vorspiel, das dazu dient, die innerartliche Aggression zwischen den beiden Geschlechtern abzubauen. Dabei verhält sich das

Männchen äußerst unterwürfig und versucht, sich vorsichtig dem Weibchen zu nähern. Es lässt einen deutlich vernehmbaren »Paarungslaut« hören, welcher lautmalerisch mit »ffft, ffft, ffft« umschrieben werden kann und sich wie ein wiederholtes, gepresstes Ausatmen anhört (Eibl-Eibesfeldt 1953). Das Weibchen reagiert zunächst sehr verhalten und aggressiv auf die Annäherungsversuche des Männchens und flüchtet anfangs, sobald dieses ihm nahe kommt. Kurze Schnauzenkontakte, Beschnuppern und aufgeregtes Zähnewetzen sowie Quietsch- und Kreischlaute begleiten jeden erneuten Kontakt nach einer vorausgegangen kurzen sog. Scheinflucht des Weibchens. Im weiteren Verlauf werden die Fluchtdistanzen des Weibchens immer kürzer und die Körperkontakte länger. Die Tiere beriechen sich nun am ganzen Körper und vor allem im Genitalbereich. Auch Elemente der gegenseitigen Fellpflege können auftreten, wobei das Männchen Pfoten, Ohren und Fell des Weibchens beknabbert und beleckt. Das Weibchen leitet auch die nächste Phase des Vorspiels ein, indem es das Männchen in seinen Bau folgen lässt. Dort findet die eigentliche Verpaarung statt, welche aus mehreren Kopulationsserien besteht, von denen jeweils nur die letzte in einen Samenerguss endet. Es wurden allerdings auch schon Paarungen außerhalb des Baues beobachtet (Eibl-Eibesfeldt 1953, Franceschini 2001).

Nach jeder Kopula putzen beide Tiere intensiv ihre Geschlechtsorgane, fangen aber alsbald an, sich wieder für einander zu interessieren. Das Signal zum Aufreiten gibt immer das Weibchen, indem es ein Hohlkreuz (Lordose) macht und seinen Schwanz nach oben abspreizt. Die Weibchen haben sowohl während des Vorspiels als auch später jederzeit Gelegenheit, die Handlungskette zu unterbrechen.

In der Regel bleiben beide Tiere einige Tage beisammen und verpaaren sich, bis das Weibchen trächtig ist. Dann wird das Männchen nicht länger toleriert und aus dem Bau vertrieben. Die Männchen zeigen während dieser ganzen Zeit ein Beißhemmung und wehren sich auch heftigen Attacken der Weibchen gegenüber nicht (Eibl-Eibesfeldt 1953). So kann es gerade unter Zuchtbedingungen passieren, dass Weibchen, die ein bestimmtes Männchen nicht akzeptieren, diesem so zusetzen, dass es an Bissverletzungen und Stress sterben kann, wird es nicht rechtzeitig aus dem Käfig entfernt (Vohralik 1974). Hier gibt es vermutlich Auswahlkriterien, die noch nicht verstanden und untersucht sind.

Bei der Zucht des Feldhamsters sollten Tiere beider Geschlechter nur in der Östrusphase des Weibchens zusammengebracht werden. Selbst dann ist ein friedfertiges Miteinander nicht garantiert, weshalb den Tieren Rückzugs- und Ausweichmöglichkeiten eingeräumt werden sollten. Es ist daher unausweichlich, bei jeder Zusammenführung das Verhalten der Tiere genau zu beobachten. Verlaufen die ersten Minuten friedlich, besteht Grund zur Hoffnung, dass das Weibchen bereits paarungsbereit ist oder dies in den nächsten Stunden bzw. Tagen wird. Es ist dann möglich, die Tiere bei regelmäßigen Kontrollen auch über längere Zeit beieinander zu lassen.

Die Zucht der Hamster in größerem Umfang ist deshalb äußerst aufwändig. Pläne, wie sie in der DDR existierten, den Feldhamster als Pelztier in großen Mengen zu züchten, wurden daher nicht realisiert. Heutige Zuchten, wie sie in den Niederlanden, Frankreich und Deutschland existieren, beschränken sich auf wenige Dutzend Tiere und dienen in erster Linie der Wissenschaft über die Art selbst bzw. ihrer Erhaltung.

Jungenentwicklung und Aufzucht

Feldhamster wiegen bei ihrer Geburt etwa 3-5g, sind nackt und blind (Abb. 22) (SULZER 1774, PETZSCH 1943, 1950, EIBL-EIBESFELDT 1953, SAINT GIRONS et al. 1968, VOHRALIK 1975). Gegenüber anderen neugeborenen Nagern, wie Ratten oder Eichhörnchen, sind sie jedoch schon recht agil und bewegen sich mit ihren Vorderbeinchen kriechend durchs Nest (EIBL-EIBESFELDT 1953, VOHRALIK 1975). Erst am 4. Tag nach der Geburt fangen sie an, die Hinterbeine zu benutzen (VOHRALIK 1975). Nach vier bis fünf Tagen bildet sich der erste Flaum mit charakteristischer Fellzeichnung. Ab dem 6. Tag beginnen sie, neben der Muttermilch feste Nahrung zu sich zu nehmen. Die Mutter verlässt in den ersten Tagen nach der Geburt nur selten das Nest, sie ist die meiste Zeit mit dem Säugen beschäftigt (EIBL-EIBESFELDT 1953). Durch Belecken der Analregion stimuliert sie die Jungen zum Koten und Harnen und hält so das Nest sauber. Verlässt sie dieses, wird der Wurf mit Nestmaterial zugedeckt. Aus dem Nest gefallene Junge werden vorsichtig mit dem Maul ergriffen und zurückgeholt. Dabei verfallen sie in eine Tragstarre. Ausnahmsweise wurden sehr kleine Jungtiere in den Backentaschen der Mutter transportiert (EIBL-EIBESFELDT 1953). Die Jungen schlafen eng aneinander geschmiegt in einem Knäuel und jedes versucht, möglichst zum Zentrum des Haufens vorzudringen, was in der Ethologie als sogenannte Spaltenappetenz gedeutet wird, die u.a. dazu dient, ein Wärmeoptimum aufzufinden (EIBL-EIBESFELDT 1953).

Mit etwa zwölf Tagen öffnen sie ihre Augen (EIBL-EIBESFELDT 1953, VOHRALIK 1975), ihre Aktivitäten beschränken sich auf die Nestumgebung. Mit zwei Wochen sind sie schon wesentlich agiler, erkunden den Bau, wobei sie durchaus bis zum Baueingang hinaufsteigen, und beginnen selbst zu selbst zu graben. Die Mutter säugt nun weniger und verlässt den Wurf häufiger, um Nahrung herbeizuschaffen, ist aber immer noch bestrebt, jedes Junge ins Nest zurückzuholen, was einer sprichwörtlichen Sisyphusarbeit gleicht.

Abb. 22: Schlafende, etwa fünf Tage alte Junghamster (Foto: U. Weinhold).

Zwischen der zweiten und dritten Woche folgen sie der Mutter dann auch an die Oberfläche, wobei sie sich in unmittelbarer Nähe zum Bau aufhalten (Abb. 23). Kampfspiele zwischen den Wurfgeschwistern deuten das baldige Ende der Gemeinschaft an. Auch schlafen sie nun nicht mehr zusammen, sondern suchen sich einen eigenen Schlafplatz im Bau.

Nach etwa drei Wochen (25 Tagen) sind die Jungen entwöhnt und selbstständig (Eibl-Eibesfeldt 1953, Vohralik 1975). Sie wiegen dann etwa 100g und sind nur wenig größer als eine Feldmaus. Die Familienbande lösen sich und die innerartliche Aggression nimmt zu (Eibl-Eibesfeldt 1953). Die Geschwistertrennung verläuft über eine Periode von drei bis fünf Wochen. In den meisten Fällen hat die Mutter zu diesem Zeitpunkt den Bau schon verlassen und auch die Junghamster gehen ihre eigenen Wege, übernehmen entweder verlassene Baue oder legen eigene, einfache Baue an. Dabei ist es auch möglich, dass ein Jungtier den ehemaligen Mutterbau behauptet und in Besitz nimmt (Karaseva 1962, Weinhold 1998, Kayser 2002).

Das Verhalten der Weibchen, den Wurfbau den Jungtieren zu überlassen, kann als mütterliches Investment in die Nachkommen betrachtet werden. Das mittlere Alter der Jungtiere betrug beim Verlassen durch die Mutter ungefähr fünf Wochen, es reichte von drei bis neun Wochen (Kayser 2002). Im Alter von ungefähr 30-40 Tagen bewohnen ca. 54% der Junghamster den Geburtsbau, in einem Alter von etwa 60 Tagen nur noch 7%

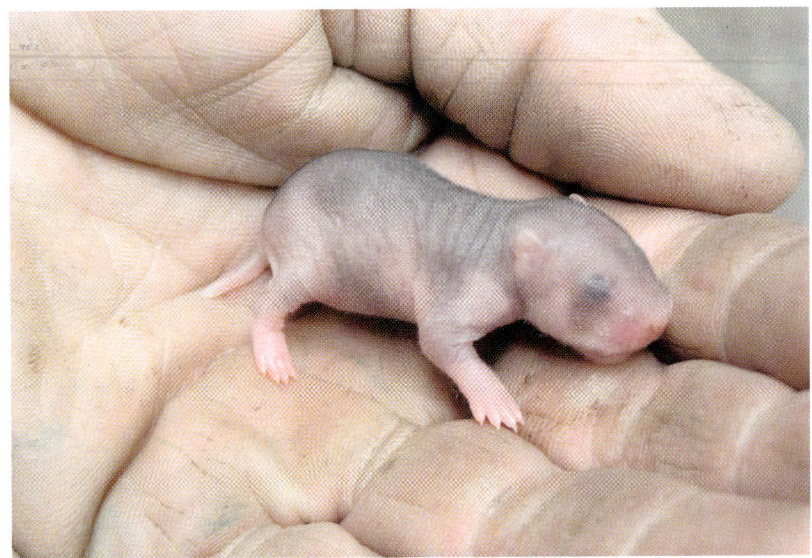

Abb. 23: Juvenile Hamster, im Alter von drei Tagen (oben) (Foto: U. WEINHOLD) und knapp drei Wochen (unten) (Foto: A. KAYSER).

(Abb. 24, Kayser 2002). Diese Phase, die meist mit der Ernte und anderen einschneidenden, habitatverändernden Bewirtschaftungsmaßnahmen verbunden ist, ist sehr risikoreich für die Junghamster, von denen die meisten diese Zeit offenbar nicht überleben. Nur 10% der Jungtiere werden an anderen Bauen wiedergefangen (Kayser 2002). Jungtiere, die den Geburtsbau erst in einem Alter von mehr als 40 Tagen verlassen, haben eine größere Aussicht, sich an einem anderen Bau erfolgreich zu etablieren. Bei Simulationsrechnungen zeigte es sich, dass eine geringe Mortalität der subadulten Hamster im August und September entscheidend für das langfristige Überleben der Population war (Ulbrich & Kayser 2004).

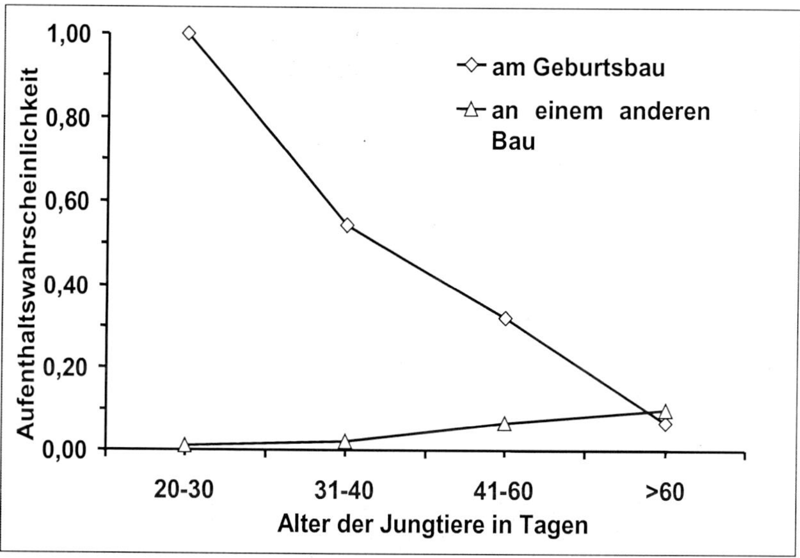

Abb. 24: Aufenthaltswahrscheinlichkeit von Junghamstern am Geburtsbau und an einem anderen Bau (n = 90). Diskrepanzen zur 100% Wahrscheinlichkeit beruhen überwiegend auf Mortalität und Abwanderung (Kayser 2002).

9 Lebenserwartung und Altersklassenaufbau

Zur Altersbestimmung beim Feldhamster eignen sich die Ermittlung der Zahnabnutzung des M^1 im Oberkiefer oder Merkmalskomplexe (Vohralik 1975, Grulich 1986). Prinzipiell ist auch die Anzahl periostealer Knochenschichten geeignet, wobei aber Vergleichsdaten zur exakten Altersbestimmung fehlen. Da Feldhamster lebenslänglich wachsen, geben auch die Körpergröße und die Körpermasse Hinweise auf das Alter, sind aber nur bis zu einem Alter von wenigen Monaten gut geeignet (Nechay et al. 1977).

Als obere Altersgrenze wurden mitunter sechs bis zehn Jahre angegeben (Mohr 1950, Reznik-Schüller et al. 1974). Belegt sind bisher nur vier Jahre im Labor, in diesem Alter sind die Molaren bereits vollständig abgeschliffen (Vohralik 1975, Wendt 1989). Häufig sind abradierte Molaren auch mit verschiedenen Zahnkrankheiten und schlechten Körperkonditionen verknüpft (Grulich 1988, Nechay 2000). Ohne Winterschlaf wurden im Labor sogar nur 2,5 Jahre erreicht (Szamosch 1972). Im Freiland erreichten 3,7% der weiblichen Jungtiere ein Alter von knapp drei Jahren, d.h. sie wurden im Frühjahr nach der dritten Überwinterung mit deutlich sichtbaren Alterungserscheinungen wieder gefangen. Bei Männchen konnte so ein hohes Alter dagegen nicht nachgewiesen werden (Kayser & Stubbe 2003). In Russland wurden im Freiland auch vier Jahre erreicht (Karaseva 1962). Die Mortalität im Freiland ist bei jungen Feldhamstern viel höher als bei älteren (Karaseva 1962, Kayser & Stubbe 2003), so dass ein hohes Alter generell nur in wenigen Fällen erreicht wird.

Bei beiden Geschlechtern sind die mehrjährigen Hamster, die bereits mehrmals überwintert haben, im Durchschnitt signifikant schwerer und größer als die Feldhamster, die das erste Mal überwintern (Tab. 5).

Circa zwei Drittel der Männchen und der Weibchen bestehen im Frühjahr aus den knapp einjährigen Tieren , also der jüngsten Altersklasse (Abb. 25, Kayser & Stubbe 2003). Diese Jungtiere aus dem Vorjahr haben das erste Mal

Tab. 5: Mittlere Körpermassen und Kopfrumpflängen sowie Standardabweichung beider Größen von einmal (Vorjahr juvenil) und mehrmals (Vorjahr adult) überwinterten Hamstern, getrennt nach Geschlechtern bei Fang nach der Überwinterung (Kayser & Stubbe 2003). Die Unterschiede beider Größen innerhalb der Geschlechter sind jeweils signifikant (p < 0,05).

	Alter Vorjahr	n	Körper-masse	s	Signi-fikanz	Kopf-rumpf-länge	s	Signi-fikanz
Weibchen	adult	4	333,8g	33,6	p<0,05	266mm	6,3	p<0,05
	juvenil	4	211,0g	79,4		211mm	29,8	
Männchen	adult	4	432,2g	97,5	p<0,01	268mm	8,7	p<0,05
	juvenil	13	284,7g	82,9		238mm	22,0	

überwintert und beginnen die erste Fortpflanzungsperiode ihres Lebens. Nur ein Drittel der Weibchen und Männchen besteht jeweils aus bereits im Vorjahr adulten Feldhamstern, die mindestens zweimal überwintert haben. Dies zeigt deutlich, dass der Reproduktionserfolg jeden Jahres entscheidend für das Überleben der Population ist. Geringe Reproduktion kann im Folgejahr kaum von älteren Altersklassen kompensiert werden.

Im Freiland werden die Individuen einer Population alle zwei Jahre durch neue ersetzt (Szamosch 1972), gegenwärtig passiert dies in Deutschland sogar fast jährlich (Weidling & Stubbe 1997, Weinhold 1998b).

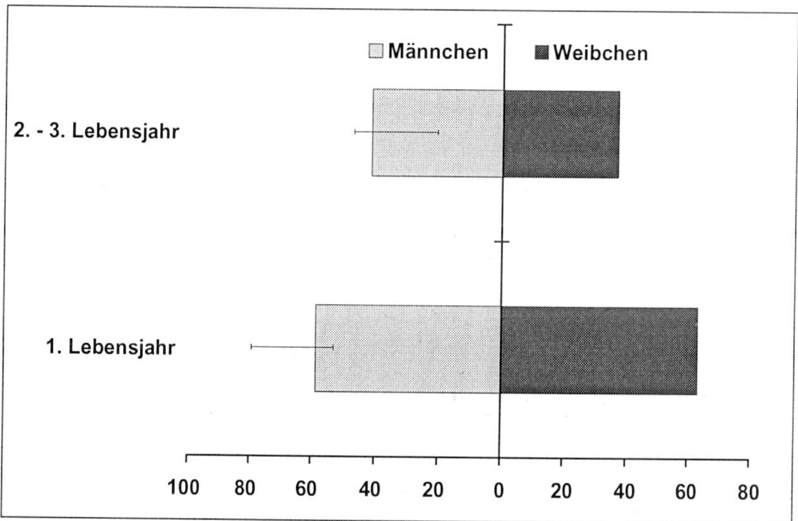

Abb. 25: Altersklassenaufbau des Frühjahrsbestandes einer Feldhamsterpopulation am Hakel für Männchen (n = 34) und Weibchen (n = 27) (Kayser & Stubbe 2003).

10 Winterschlaf und Überwinterung

Feldhamster sind wie Murmeltiere, Bilche, Igel und Fledermäuse Winterschläfer, welche die kalte Jahreszeit in einem Zustand der Lethargie (Hypothermie) verbringen und auf diese besondere Art überwintern (SULZER 1774, EISENTRAUT 1928, PETZSCH 1933, 1950, PORTIG 1950, HEMMER 1966, SAINT GIRONS et al. 1968, GUBBELS et al. 1989, WENDT 1991, 1995, WASSMER & WOLLNIK 1997). Die Begriffe Winterschlaf und Überwinterung haben daher unterschiedliche Bedeutung. Während die Überwinterung das Einstellen der oberirdischen Aktivität und das Verschließen der Baue für mehrere Monate beinhaltet, stellt der Winterschlaf einen besonderen, auf wenige Tage oder

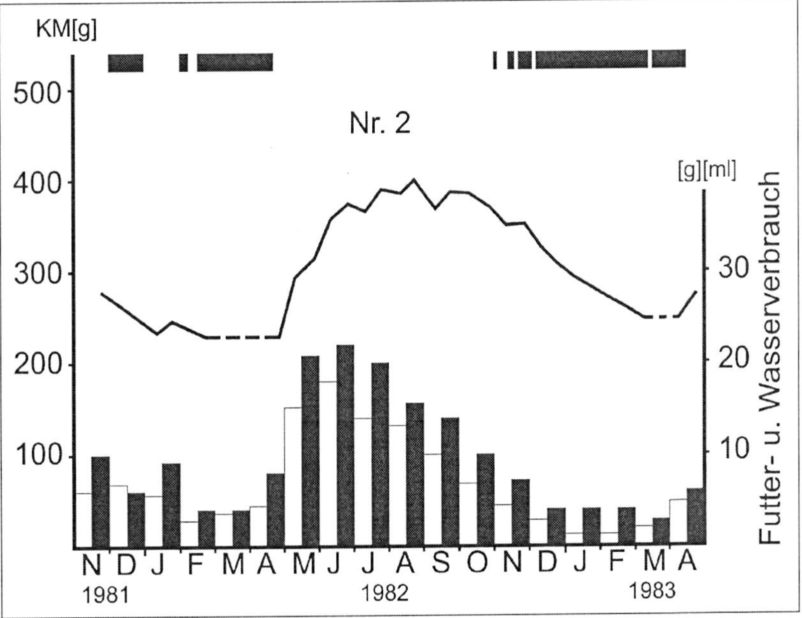

Abb. 26: Jahresperiodik der Körpermasse eines Feldhamsters aus einer Untersuchung von WENDT (1991) (Kurve = Körpermasse, weiße Säulen = Wasseraufnahme, schwarze Säulen = Futteraufnahme, waagerechte Balken = Winterschlaf).

Abb. 27: Winterschlafender Hamster, zu einer Kugel zusammengerollt, um Wärmeverluste über die Körperoberfläche möglichst gering zu halten (Foto: U. WEINHOLD).

Wochen befristeten physiologischen Zustand während dieser Zeit dar. Bei Winterschläfern wird während des Winterschlafes Depotfett verbraucht, welches im Herbst verstärkt angelegt wurde. Zusätzlich legen einige Arten wie der Feldhamster noch Vorräte an, von denen in den Wachphasen gefressen wird (Abb. 26). Diese Vorräte erlauben es dem Feldhamster wie auch z.B. dem Richardson Ziesel (*Spermophilus richardsonii*), längere euthermische Phasen vor und nach dem eigentlichen Winterschlaf unterirdisch im Bau zu verbringen (MICHENER 1992, WEIDLING 1996). Die Zeitdauer unterirdisch im verschlossenen Bau, die sogenannte Überwinterung, ist demzufolge nicht gleichzusetzen mit dem Winterschlaf.

Während des Winterschlafes senken die Feldhamster ihre Stoffwechselfunktionen auf ein Minimum ab, um möglichst wenig Energie zu verbrauchen. Zudem nehmen sie eine kugelförmige Körperhaltung ein, was die Wärmeabstrahlung über die Körperoberfläche minimiert (Abb. 27). Schon EISENTRAUT (1928) stellte an winterschlafenden Hamstern minimale Körpertemperaturen von + 4 bis + 6°C fest, was durch neuere Untersuchungen auf + 2,6 bis + 3,5°C korrigiert wurde (KRAMER 1956, GUBBELS et al. 1989, SCHMIDT 1992, WENDT 1995, WASSMER & WOLLNIK 1997). Der Normalwert bei wachen und aktiven Tieren liegt etwa zwischen 36 und 38°C (EISENTRAUT 1928, SCHMIDT 1992, GUBBELS et al. 1989, WENDT 1995). Feldhamster unterbrechen ihre Schlafphasen alle 5-14 Tage (Eisentraut 1928, Wendt 1995). Das Erwachen aus dem Winterschlaf kann sich über 4-5 Stunden hinziehen und ist im fortgeschrittenen Stadium durch Spasmen und Muskelzittern charakterisiert, welche dazu dienen, die Körpertemperatur wieder auf den Normalwert im Wachzustand (Euthermie) zu bringen (Eisentraut 1928, Wendt 1995). Während dieser Zeit sind die Tiere vollkommen hilflos und unfähig, gerichtete Bewegungen durchzuführen. Auf Störungen können sie lediglich mit einem abwehrenden Fauchen reagieren.

Früher glaubte man, dass die Auslösung des Winterschlafs allein auf Umweltfaktoren, vor allem die Lufttemperatur, zurückzuführen sei. So sah man in einer Umgebungstemperatur von + 9 bis 10°C den Schwellenwert als primären Auslöser (Eisentraut 1928, Müller 1960, Saint Girons et al. 1968, Niethammer 1982). Doch schon Beobachtungen von Hemmer (1966) zeigten, dass Hamster auch bei Zimmertemperatur in tiefe Schlaflethargien fallen können, was endogene Faktoren, die den Winterschlaf steuern, vermuten ließ. Nach neueren Untersuchungen lassen sich unterschiedliche Winterschlafzustände unterscheiden (Wendt 1995, Wassmer & Wollnik 1997). Maßgeblich hierfür sind die Länge der Winterschlafphase und der Grad der Abkühlung der Körpertemperatur. So gibt es tiefe, lange Winterschlafphasen (Deep Hibernation Bouts, Abb. 28), welche durch eine Körpertemperatur von weniger als + 20°C und eine Dauer von über 24 Stunden gekennzeichnet sind. Dann existieren kurze Winterschlafphasen (Short Hibernation Bouts), die kürzer oder gleich 24 Stunden sind, und sogenannte kurze, flache Winterschlafphasen (Short and Shallow Hibernation Bouts), bei denen die Körpertemperatur + 20°C nicht unterschreitet und bei denen eine Dauer von weniger oder gleich 24 Stunden vorliegt (Wassmer & Wollnik 1997).

Der Eintritt in den Zustand der Hypothermie erfolgt nicht abrupt, sondern allmählich über sogenannte »test drops«, eine Abfolge von zunächst kurzen, flachen Schlaflethargien verbunden mit einer schrittweisen Abkühlung der Körpertemperatur, bis schließlich der tiefe Winterschlafzustand erreicht wird (Abb. 28, Wendt 1995, Wassmer & Wollnik 1997). Die stündliche Abkühlungsrate beträgt dabei etwa 1,3°C.

Es zeigte sich in diesen Studien ebenfalls, dass die Eintritte in tiefe Winterschlafzustände vorzugsweise um Mitternacht liegen und einem 24-Stunden-Rhythmus folgen. Die Zeitpunkte des Erwachens aus einzelnen Winterschlafzuständen sind hingegen zufallsverteilt (Wassmer & Wollnik 1997). Dieser Befund bestätigt die Existenz eines endogenen, internen Kontrollmechanismus. In weiteren Studien konnte gezeigt werden, dass die Einstellung sexueller Aktivität und das Absinken der Konzentration an Geschlechtshormonen im Blut physiologische Voraussetzungen für das

Winterschlafverhalten sind, die über das Pinealorgan mit der Photoperiode rückgekoppelt werden. Weitere Rollen als Regulatoren spielen hierbei vermutlich vasopressinhaltige Nervenfasern im Hypothalamus und Melatonin sowie 5-Methoxytryptophol, welche im Pinealorgan gebildet werden (Pévet et al. 1987, 1990, Vivien-Roels et al. 1992, Canguilhem et al. 1993, Masson-Pévet et al. 1994).

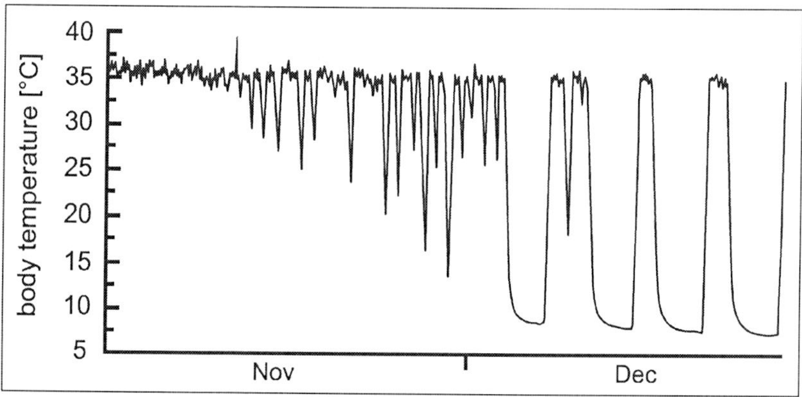

Abb. 28: Test Drops zu Beginn des Winterschlafs (Nov) mit anschließenden Deep Hibernation Bouts (Dec) in der Körpertemperatur (Wassmer & Wollnik 1997).

Die Art und Weise, wie Feldhamster den Winter überdauern, unterliegt allerdings einer sehr breiten Individualschwankung. So sind tiefe, lange Winterschlafzustände nicht unbedingt die Regel, sondern können bei einzelnen Tieren auch ganz ausbleiben (Wendt 1991, Wassmer & Wollnik 1997). Vereinzelt können im Winter auch Baue kurzzeitig geöffnet und oberirdische Exkursionen v.a. von Männchen durchgeführt werden (u.a. Jacobi 1901, Eisentraut 1928, Petzsch 1950, Müller 1960). Dies scheint nicht nur bei milder Witterung der Fall zu sein, wie es Blasius (1857) vermutet, da auch eine Vielzahl Beobachtungen von Feldhamstern auf Schnee vorliegen (u.a. Eisentraut 1928, Grulich 1986). Möglicherweise spielt auch Nahrungsmangel aufgrund unzureichender Wintervorratsmengen eine Rolle (s. Kap. 13, Grulich 1981, Weidling 1996). Die Auslastung der Winterzeit im Zustand der Hypothermie liegt bei Feldhamstern daher nur zwischen 30 und maximal 65% (Wendt 1991, Wassmer & Wollnik 1997), die übrige Zeit verbringen die Tiere im Wachzustand. Igel hingegen können eine Auslastung von bis zu 80% erreichen (Tähti 1978 nach Wendt 1991). Das im Vergleich zu anderen Winterschläfern häufige Erwachen der Feldhamster ist sehr energieaufwändig und kann durch körpereigene Substanzen, wie z.B. das für Winterschläfer typische, braune Fettgewebe allein nicht gewährleistet werden. Daher übersteht der Feldhamster den Winter nicht ohne zusätzliche Vorräte. Wendt (1991) ermittelte im Labor für weibliche Hamster 0,8kg und für Männchen 1,2kg an Getreidevorrat als Existenzminimum für eine erfolgreiche Überwinterung. Schon Petzsch (1950) vermutete unterschiedliche Überwinterungsstrategien bei Männchen und Weibchen. Er nahm an, dass weibliche Tiere nur durch eine höhere Auslastung mit tiefem, langem Winterschlaf den Winter überleben könnten, da sie im Vergleich zu den Männchen noch bis in den Spätsommer mit der Jungenaufzucht beschäftigt sind und daher weniger Zeit zum Sammeln haben und geringere Vorratsmengen aufweisen. Tatsächlich scheint eine bereits von Sulzer (1774) und Petzsch (1950) beobachtete Geschlechtsspezifität hinsichtlich des Beginns und des Endes der Überwinterung zu existieren. Adulte Männchen beginnen in der Regel früher mit der Überwinterung als Weibchen, gefolgt von subadulten Tieren (Karaseva 1962, Ružić 1978, Bihari & Arany 2001). Das Beenden der Überwinterung geschieht in gleicher Reihenfolge. Eine Klärung der möglichen Geschlechtsspezifität hinsichtlich des eigentlichen Winterschlafverhaltens steht hingegen noch aus, wäre aber vor dem Hintergrund der heutigen Intensivlandwirtschaft und des Artenschutzes von großer Bedeutung.

Im Labor wurden bis zu 30% Körpermasseverlust während der Überwinterung ermittelt (Saint Girons et al. 1968, Wendt 1991). Vergleichbare Daten aus dem Freiland bestätigen diese Angaben (Abb. 29), zeigen aber auch, dass dieser Körpermasseverlust im Frühjahr sehr schnell wieder kompensiert werden kann, Zunahmen von 150-200g bei Männchen im Mai sind möglich (Wendt 1991, Weidling 1996, Abb. 30). Wassmer & Wollnik (1997) fanden an Labortieren zwar auch Tiefstwerte an Körpermassen im März/April, doch bereits Anfang Mai waren diese Verluste wieder ausgeglichen.

Die Dauer der Überwinterung wie auch deren Verlauf wird von den klimatischen Gegebenheiten des jeweiligen Jahres und der geografischen Lage im Verbreitungsgebiet mitbestimmt. Die Überwinterung der Feldhamster beginnt bei einzelnen Tieren schon Mitte August und zieht sich innerhalb einer Population über zwei bis drei Monate hin. Schon Sulzer (1774) vermutete, dass die Tiere nach dem Verschließen der Baue noch einige Zeit unterirdisch aktiv sind und von ihren Vorräten zehren, was telemetrische Untersuchungen bestätigten. Ähnlich gestaltet sich das Ende der Überwinterung im Frühjahr. Die ersten Tiere können bereits im März erscheinen und die letzten erst Ende Mai (Tab. 6).

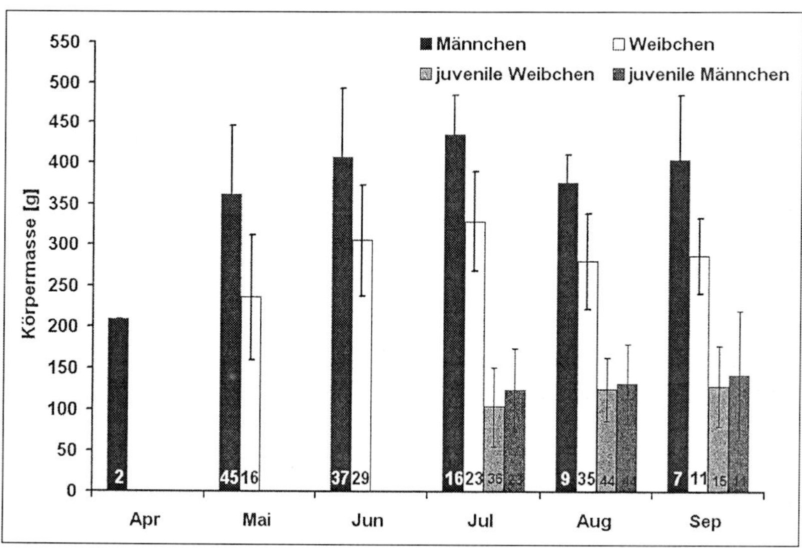

Abb. 29: Saisonaler Körpermasseverlauf adulter Feldhamster im Freiland, Stichprobenumfang als Zahl in Säule angegeben (KAYSER unveröff.)

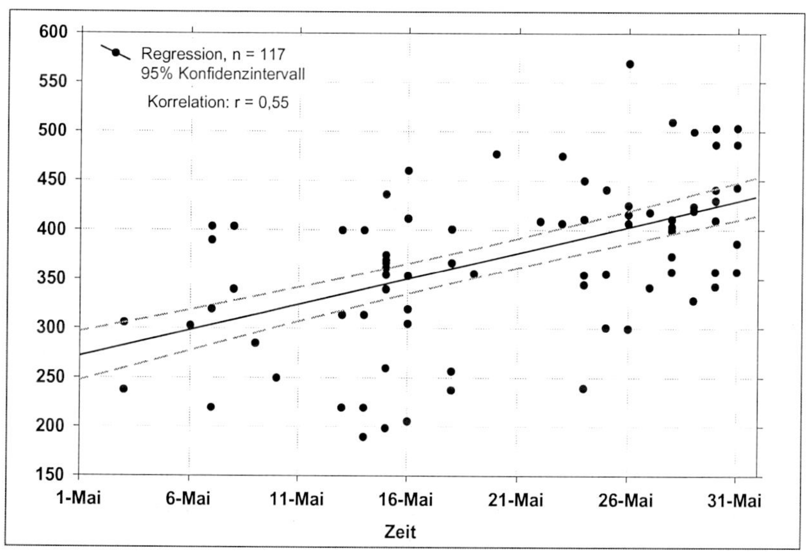

Abb. 30: Körpermasseanstieg männlicher Feldhamster im Frühjahr (KAYSER unveröff.)

Tab. 6: Übersicht über die geografischen Unterschiede des Überwinterungsbeginns und dessen Ende beim Feldhamster.

Überwinterung Gebiet	Autoren	frühester Beginn Zeitspanne	frühestes Ende Zeitspanne
Pannonien (Jugoslawien)	Ružič (1976, 1978)	September ca. 40-80 Tage	2. Februardekade ca. 53-70 Tage
Straßburg (Frankreich)	Kayser (1975)	1. Oktoberhälfte	2. Märzhälfte
Slowakei	Holišová (1977), Grulich (1986)	September (bis Anfang November)	April
Altaigebiet (Russland)	Karaseva (1962)	2. Augusthälfte ca. 50-70 Tage	
Ungarn	Nechay et al. (1977)	Ende August ca. 30-40 Tage	
Sachsen-Anhalt (Deutschland)	Wendt (1984, 1991), Weidling (1996), Kayser (2002)	Ende August ca. 55 Tage	Mitte April 50-60 Tage
Nordbaden (Deutschland)	Weinhold (1998)	August ca. 59 Tage	März ca. 50-53 Tage

Die Überwinterungsdauer beträgt im Mittel 6 Monate, wobei diese auch individuellen, klimatischen und geografischen Abweichungen unterliegt. So dauerte die Überwinterung in Nordbaden zwischen fünf und 7,75 Monaten (Tab. 6, Weinhold 1998). Wendt (1984a) gibt für Deutschland durchschnittlich 6,5 Monate an, in Jugoslawien liegt die mittlere Dauer nach Ružić (1978) bei etwa fünf Monaten, ebenso wie im Elsass nach Saint Girons et al. (1968).

Die erfolgreiche Überwinterung ist von den Faktoren Gesundheitszustand, Bevorratung und Lage des Winterbaus abhängig. In Nordbaden überlebten nur 50% der Tiere, die überwinterten (Kayser et al. 2003). Wendt (1984) fand eine Wintersterblichkeit von 61,5 % (siehe Kap. 17)

11 Hamsterbaue

Die Erkundung von Hamsterbauen hat bereits eine lange Tradition. Die frühere Landbevölkerung hatte zwar ausschließlich Interesse an den Getreidevorräten, lieferte aber durch ihre Grabungen erste Erkenntnisse über die Beschaffenheit von Hamsterbauen (Sulzer 1774). Die Wissenschaftler des 20. Jahrhunderts analysierten dann die Entstehungsweise, Struktur, Lage und Variabilität der Baue (Eisentraut 1928, Husson 1949, Kramer 1956, Grulich 1981, Lenders 1985). Feldhamster legen ausgedehnte Bausysteme mit meist mehreren Röhren an, die in Vorrats-, Nest- und Kotkammer gegliedert sind (Sulzer 1774, Eisentraut 1928, Petzsch 1950, Kramer 1956, Nechay et al. 1977, Niethammer 1982).

Grundsätzlich wird eine saisonale Unterscheidung in sogenannte Sommer- und Winterbaue getroffen. Sommerbaue sind in der Regel nur bis zu 1m tief und sehr variabel in Form, Zahl der Eingänge und Ausdehnung. Sie werden im Verlaufe des Frühjahrs und Sommers neu angelegt. Findet in solchen Bauen Jungenaufzucht statt, ist auch von Mutterbauen die Rede. Winterbaue hingegen dienen nur dem Zweck der Überwinterung. Sie liegen daher tiefer als 1m und besitzen meist nur einen benutzten Eingang, welcher mit Beginn der Überwinterung, wie auch andere unterirdische Gänge, mit Erde verstopft wird (Eisentraut 1928, Kramer 1956). Die klassische Raumaufteilung findet sich jedoch in beiden Typen wieder. Die Übergänge zwischen Sommer- und Winterbauen sind allerdings fließend. Die Entstehung eines Hamsterbaues hat Eisentraut (1928) durch umfangreiche Grabungen nachvollzogen. Junghamster legen zunächst nur einfache Röhren an, die flach unter die Erde führen und am Ende zu einer Nestkammer erweitert werden (Abb. 31). Von dieser Kammer können dann weitere Gänge abzweigen.

Mit zunehmendem Alter der Hamster differenzieren sich die Baue. Vorratskammern und kurze, blind endende Latrinengänge kommen hinzu (Eisentraut 1928). Das Grundmuster eines Hamsterbaues, welches bereits bei Sulzer (1774) beschrieben ist, umfasst eine Nestkammer, eine Vorratskammer und zwei Ausgänge, wobei man eine schräg verlaufende Schlupfröhre und ein senkrecht verlaufende Fallröhre unterscheidet (Abb. 32). Der

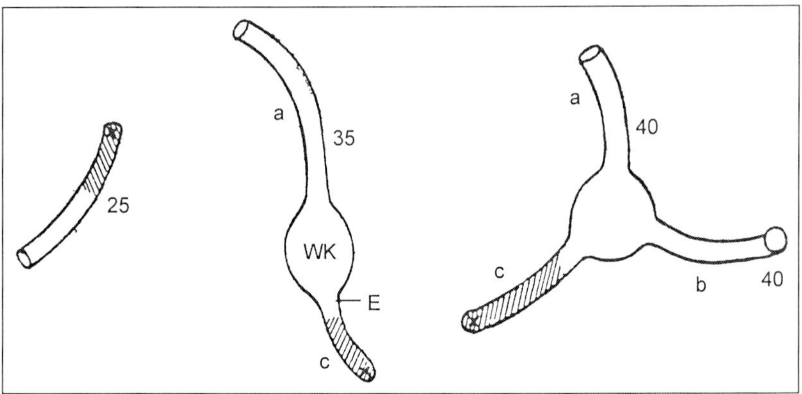

Abb. 31: Junghamsterbaue nach Eisentraut (1928). WK = Wohnkammer, a-c = Gänge, Zahlen = Länge der Gänge in cm, schraffiert = vom Hamster (x) zugestopfter Bereich.

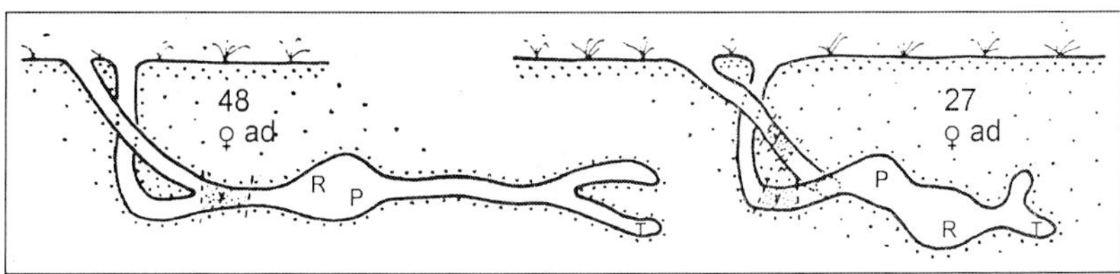

Abb. 32: Zwei typische Hamsterbaue im Aufriss, jeweils mit einer Fall- und Schlupfröhre, Nestkammer und Nebengängen (Grulich 1981). R = frische Streu; P = Grünmasse; T = Kot, Urin, Streureste; y = Erdpfropfen; ad = adultus.

Röhrendurchmesser liegt bei adulten Tieren im Mittel zwischen 6-10cm, bei Jungtieren beträgt er 4-6cm (Eisentraut 1928, Grulich 1981).

Bei der Neuanlage eines Baues gräbt der Hamster zunächst schräg in die Erde hinein, wodurch das Schlupfloch entsteht, vor welchem sich ein beträchtlicher Erdauswurf (Abb. 33) ansammeln kann. Meist windet sich das Schlupfloch in einer oder mehreren Kurven in die Tiefe, bevor es zur Nestkammer erweitert wird. Von der Kammer aus gräbt der Hamster anschließend eine horizontale Röhre, die nach einigen Zentimetern steil nach oben führt, die Fallröhre (Abb. 34, Sulzer 1774, Eisentraut 1928).

Ausgehend von diesem Grundmuster gibt es nun zahlreiche Variationen, welche in Abhängigkeit von der Dauer der Besiedelung, dem Geschlecht, der Fruchtart, sowie der Bodenbeschaffenheit entstehen (Eisentraut 1928, Kramer 1956, Karaseva & Shilayeva 1965, Grulich 1981). So gibt es nach Grulich (1981) sechs verschiedene Bautypen:

a) einfache, flache Baue
b) kompliziertere, flache Baue
c) komplizierte, flache Baue
d) komplizierte, tiefere Baue
e) komplizierte, tiefe Baue
f) reduzierte, tiefe Baue

Abb. 33: Schräge Schlupfröhre eines Feldhamsterbaues mit Erdauswurf (Foto: N. Ruchay).

Abb. 34: Fallröhre eines Feldhamsterbaues in einem Luzernefeld im Sommer (Foto: A. Kayser).

Eine Auswahl der Bautypen ist in Abbildung 35 wiedergegeben. Zudem lassen sich Dauerbaue von zeitweiligen Bauen unterscheiden (KARASEVA & SHILAYEVA 1965, GRULICH 1981, WEINHOLD 1998). Zeitweilige Baue dienen lediglich als kurzzeitiger Unterschlupf oder Schutzbau bei Gefahr, weniger als Behausung. In ihnen findet keine Überwinterung oder Reproduktion statt. Solche Baue sind in der Regel sehr einfach gestaltet und finden sich innerhalb der Aktionsräume verstreut (Abb. 35) (KARASEVA & SHILAYEVA 1965). Besonders in der Nähe von Wurfbauen sind diese »Schutzbaue« über oberirdische Pfade mit dem Hauptbau verbunden (KARASEVA & SHILAYEVA 1965). Wie bereits erwähnt, sind die Übergänge zwischen den einzelnen Bautypen fließend und ein zeitweiliger Bau kann zu einem Dauerbau werden und umgekehrt. Häufig erfolgen Um- und Neubesiedlungen, sowie Umstrukturierungen vorhandener Baue durch neue Bewohner. Erbauer und aktueller Nutzer einer Bauanlage sind meist verschieden (SELUGA et al. 1996, WEIDLING & STUBBE 1998B, WEINHOLD 1998, KAYSER 2002).

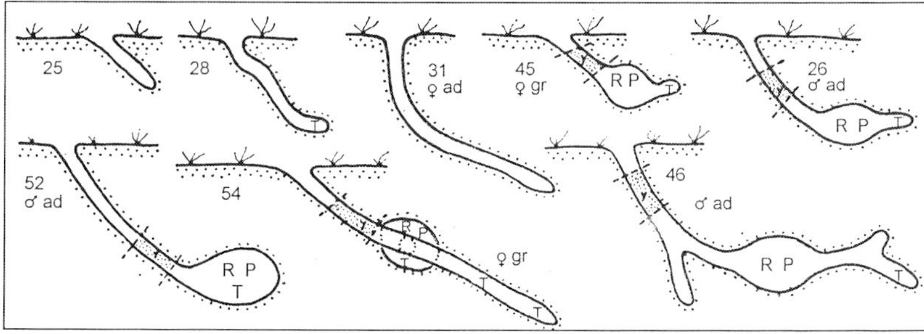

Abb. 35: Zeitweilige Feldhamsterbaue nach GRULICH (1981). R = frische Streu; P = Grünmasse; T = Kot, Urin, Streureste; y = Erdpfropfen; ad = adultus; gr = gravidus.

Komplexe Bausysteme können durch die zufällige Verbindung von zwei oder mehreren Einzelbauen entstehen (KRAMER 1956). Die maximale gemessene unterirdische Ganglänge betrug 26,2m (GRULICH 1981). Wird ein Standort von vielen Individuen oder über mehrere Generationen besiedelt, so ist leicht vorstellbar, dass durch die ständige Wühltätigkeit der Hamster ein unterirdisches Netzwerk von Gängen und Kammern entsteht. Die Erdbewegungen sind dabei beträchtlich (Abb. 36, 37). So fand GRULICH (1981) während seiner umfangreichen Studien bis 300kg an frisch ausgeworfener Erde. Durchschnittlich entfallen auf jeden Bauausgang 18,4dm^3 unterirdischen Raumes, und 29,9kg an Erdauswurf (GRULICH 1981, Abb. 36, 37). Viel Erdmaterial wird auch innerhalb des Baues umgeschichtet und nicht zutage gefördert. Dies kann dazu führen, dass aus ehemals tiefen Bauen wieder flache werden, weil die unteren Kammern und Gänge zugefüllt worden sind. Ein solcher Bau entspräche dem Typ f nach GRULICH (1981).

Abb. 36: Erdhügel eines frisch gegrabenen Hamsterbaues (Foto: A. KAYSER).

Abb. 37: Die Höhe des Erdauswurfes (über 15cm) auf einer Fläche von ca. $2m^2$ verdeutlicht den enormen Bodenumsatz, den die Feldhamster leisten (Foto: A. KAYSER).

Abb. 38: oben: unterirdisch verlagertes Bodenmaterial (Pfeil) in alter, zugestopfter Röhre in ca. 45cm Tiefe (helleres Material in Bezug zum umgebenden Boden); unten: Blick in die Kammern eines aufgegrabenen Feldhamsterbaues, oben Nestkammer, unten Kotkammer (Fotos: A. KAYSER).

Bei Grabungen lässt sich die vom Hamster eingewühlte, oft mit Streu und altem Nestmaterial vermengte Erde an der von den umgebenden Schichten unterschiedlichen Färbung erkennen (Abb. 38).

Atypische Baue kommen entweder aufgrund von Platzmangel, der bei sehr hohen Populationsdichten gegeben ist, oder durch zunehmenden Landschaftsverbrauch, also Habitatverlust, zustande. Während einer Gradation in den Jahren 1971/72 fand Grulich (1981) Hamsternester unter Strohballen, in Scheunen, Ställen, Häusern, in Maisdarren und Silagehaufen sowie unter ausrangierten landwirtschaftlichen Maschinen (Abb. 39, 40). Sogar »Iglus« unter Schneeverwehungen gab es, da die Tiere aufgrund mangelnder Winterbevorratung keinen Winterschlaf hielten. In den Niederlanden protokollierten Lenders & Pelzers (1985) ebenfalls Vorkommen von Hamstern in der Nähe menschlicher Behausungen. Auch in Deutschland wurden Hamster immer wieder in Gärten, Kellern u.ä. sowie in Mieten und Strohpuppen beobachtet (Sulzer 1774, Petzsch 1950, Dolch 1995). Eine solche Art der Synanthropie ist aber eher auf den bereits erwähnten Landschaftsverbrauch durch den Menschen zurückzuführen als auf besonders hohe Hamsterdichten. Auch heute noch gibt es immer wieder Meldungen von einzelnen Hamstern in Gärten oder Parkanlagen, die meist von nahegelegenen Feldern einwandern. Seltener sind dauerhafte Ansiedlungen wie im Stadtgebiet von Brünn (Grulich pers. Mitt.) oder Wien (Franceschini 2002).

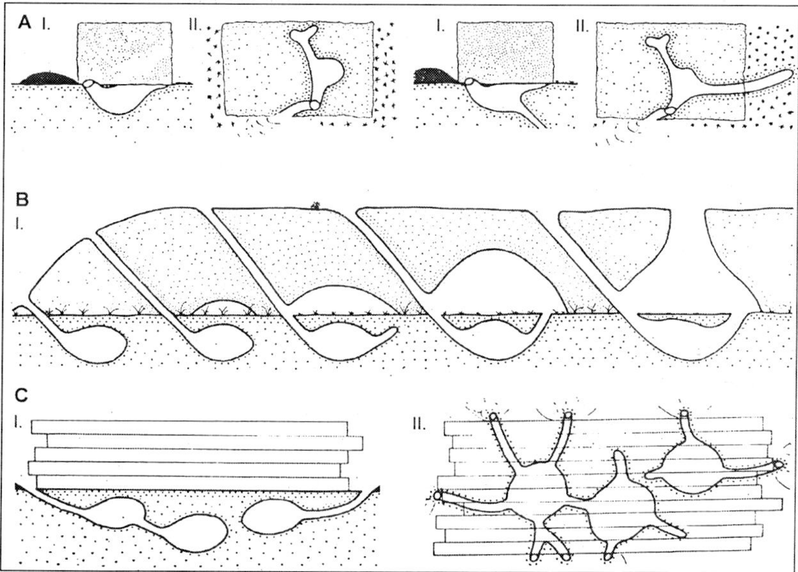

Abb. 39: Atypische Feldhamsterbaue nach Grulich (1981). A = unter einem Strohballen, B = Schneeiglu, C = unter Holzstapel, A und C mit Seitenansicht und Aufsicht.

Abb. 40: Atypische Baue in Böschungen (Fotos: U. Weinhold u. A. Kayser).

Nutzung der Baue

Feldhamster benutzen mehrere Baue pro Aktivitätsperiode (Karaseva & Shilajeva 1965, Gorecki 1977, Weidling 1996, Weinhold 1998). Die Funktion dieser Baue ist, wie schon erwähnt, unterschiedlich.

Dabei halten sich Weibchen mit durchschnittlich 27 Tagen deutlich länger in ihren Bauen auf als die Männchen (8 Tage) (Abb. 41).

Auch eine Mehrfachnutzung der Baue ist belegt, wobei Weibchen häufiger davon Gebrauch zu machen scheinen als Männchen (Tab. 7). Männliche Tiere wechseln dafür häufiger die Baue als weibliche und dies während der gesamten Reproduktionsperiode (Weinhold 1998, Kayser 2002). Die Mehrfachnutzung, welche z.T. über mehr als eine Aktivitätsperiode geht, setzt dabei ein gutes räumliches Orientierungsvermögen voraus, da ehemals genutzte Baue schon nach der Ernte nicht mehr sichtbar sind.

Im Jahresverlauf nutzen männliche Feldhamster mehr Baue als weibliche Tiere. Es waren im Durchschnitt 9,6 Baue bei Männchen und 3,6 Baue bei Weibchen (Kayser 2002). Im Juni und Juli werden von den Männchen sowohl signifikant mehr Baue pro Monat genutzt als auch mehr Bauwechsel durchgeführt als von den Weibchen. Im Juli nutzen Männchen im Mittel fünf Baue und wechseln dabei achtmal den Bau. Aber auch die Weibchen

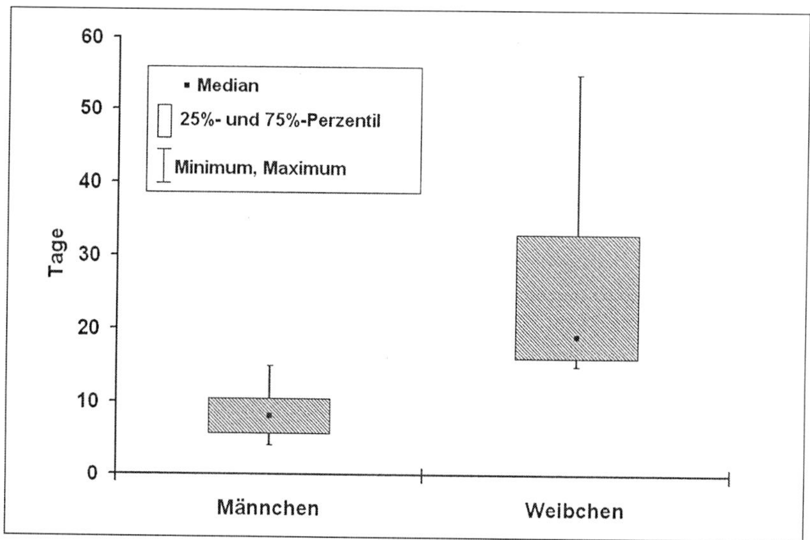

Abb. 41: Mediane Verweildauer von Feldhamstern am Bau. Männchen (n = 7) verweilten mit im Mittel 8,4 Tagen (±3,8) signifikant kürzer als Weibchen (n = 9) mit 26,6 Tagen (±13,8) (Mann-Whitney U-Test; WEINHOLD 1998).

nutzen im Sommer durchschnittlich zwei und damit mehr Baue als im Mai und September (Abb. 42 und 43).

Dieser geschlechtsspezifische Unterschied beruht auf dem Reproduktionsverhalten der Art. Weibchen siedeln nach erfolgreicher Reproduktion in andere Baue um, sind ansonsten aber sehr bautreu und nutzen die Baue überwiegend nacheinander. Für weibliche Feldhamster ist ein permanenter Bau für die Jungenaufzucht unabdingbar. Während der Fortpflanzungszeit legen sie ein bis zwei solcher Mutterbaue an, wobei sie den ersten dann verlassen, wenn ein zweiter Wurf bevorsteht. Neben ihrem Aktivitätszentrum suchen die Männchen entsprechend dem polygamen Paarungssystem vor allem Weibchenbaue mehr oder weniger kurzzeitig auf. Die von ihnen genutzten Baue liegen dabei signifikant weiter auseinander als bei Weibchen. Im Mittel wurden bei 15 Männchen 100m (n = 143 Bauwechsel) erreicht, bei 17 Weibchen dagegen nur 35m (n = 56 Bauwechsel). Die maximale Distanz zwischen aufeinander folgend genutzten Bauen betrug dabei bei beiden Geschlechtern rund 325m (KAYSER 2002). Nach dem zweiten Wurf wechselten die Weibchen meist zu einem alten Bau, der bereits im letzten Winter von einem Hamster für die Überwinterung genutzt worden war. Mitunter war das der Winterbau des gleichen Weibchens (KAYSER 2002). Diese Wiedernutzung ehemaliger Winterbaue erscheint sinnvoll und effizient, da sich dieser Bau bereits einmal bewährt hat, Winterbaue höhere

Tab. 7: Anzahl mehrfach genutzter Sommerbaue im Vergleich zur absoluten Anzahl genutzter Baue (AF = adultes Weibchen, AM = adultes Männchen) (WEINHOLD 1998).

	Tier Nr.	Baue	mehrfach genutzt	Beobachtungszeitraum in Tagen
Weibchen	AF 60	4	1	80
	AF 140	4	1	85
	AF 70	1	-	55
	AF 120	2	-	39
	AF 10/95	3	1	87
	AF 10/96	7	1	112
	AF 30	3	1	98
	AF 130	1	-	39
	AF 40	7	3	101
Männchen	AM 80/94	7	-	51
	AM 100	7	-	28
	AM 80/95	5	-	53
	AM130	3	-	16
	AM 20	4	-	46
	AM 150	5	1	35
	AM 80/96	4	2	51
	AM 60	11	3	64

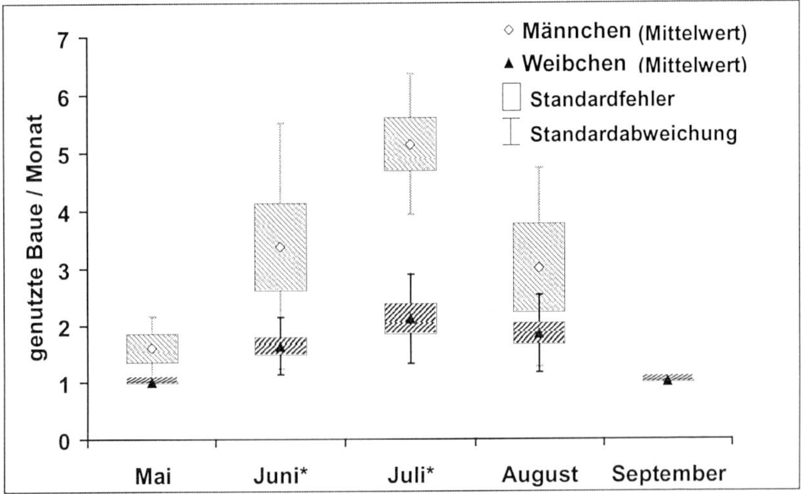

Abb. 42: Box-Whisker-Plot für die Anzahl genutzter Baue pro Monat männlicher (n = 15) und weiblicher (n = 22) adulter Feldhamster im Jahresverlauf (KAYSER 2002). *Unterschiede zwischen Männchen und Weibchen signifikant (t-Test, p < 0,05).

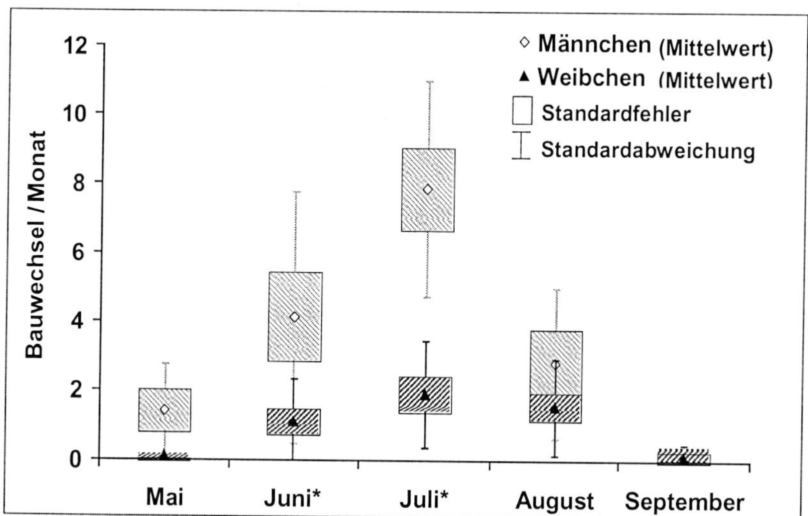

Abb. 43: Box-Whisker-Plot für die Bauwechselrate pro Monat männlicher (n = 15) und weiblicher (n = 22) adulter Feldhamster im Jahresverlauf (KAYSER 2002). *Unterschiede zwischen Männchen und Weibchen signifikant (t-Test, p < 0,05).

Anforderungen erfüllen müssen (siehe Kap. 2, KAYSER 2002) und die energie- und zeitintensive Anlage eines neuen umgangen wird (KINLAW 1999). Darin könnte auch die Ursache für die bevorzugte Übernahme alter Baue bei der Ansiedlung von Junghamstern liegen (KARASEVA 1962, SELUGA et al. 1996, WEIDLING & STUBBE 1998b).

Im Gegensatz zu Sommerbauen kann während der Überwinterung bei auftretenden Problemen kein Bauwechsel erfolgen.

Durch die häufige Wiedernutzung verlassener Baue können Hamsterbaue über mehrere Jahre persistieren (Abb. 44) und werden dann von mehr als einer Hamstergeneration genutzt. Einzelbeobachtungen geben sogar 40 Jahre Persistenz für einen Hamsterbau an (KNÜPFER in: PETZSCH 1936a). Neben PETZSCH (1936a) und GRULICH (1981) kamen auch GUBBELS & BACKBIER (1995) durch einen Vergleich des Volumens des Erdauswurfes und einer Abschätzung der Volumina der Baue zu dem Schluss einer möglichen mehrjährigen Konstanz der Hamsterbaue. Die mehrjährige Nutzung von Bauanlagen ist typisch für verschiedene Säugetiere wie z.B. Fuchs, Dachs, Biber oder Ziesel (GRULICH 1960, HEIDECKE 1984, STUBBE & STUBBE 1995, HOFMANN 1999) und unterstreicht die Bedeutung, die etablierte Baue für eine Population haben können. Wie Feldhamster jedoch einen im Vorjahr ungenutzten Bau wiederfinden und für die Anlage eines neuen erweitern, bleibt unklar, zumal solche Baue durch die regelmäßige Bodenbearbeitung oberflächlich nicht mehr sichtbar sind. Ein gutes räumliches Orientierungsvermögen ist dabei von Vorteil. Es besteht auch die Möglichkeit, dass die Lage dieser Baue Idealstandorten bezüglich verschiedener Faktoren, z.B. kleinräumiger Bodenfaktoren, entspricht und die Wiedernutzung nicht wegen der alten Bauanlage, sondern wegen des günstigen Standorts erfolgt.

Ein Wechsel zwischen Winter- und Sommerbauen, wie er in Russland bei allen Individuen über größere Entfernungen festgestellt wurde (Karaseva

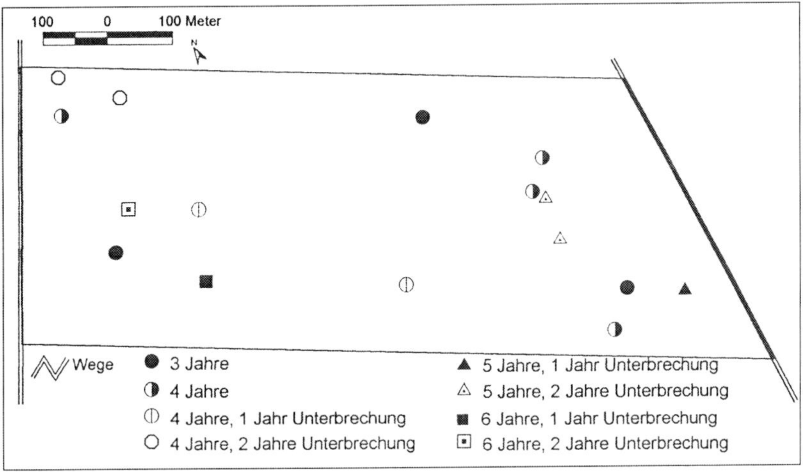

Abb. 44: Mehrjährige Nutzungsdauer von Feldhamsterbauen auf einem Feld von 30ha Größe, von 1994-1999 (Kayser 2002).

12 Aktivitätsverhalten

Feldhamster gelten allgemein als dämmerungsaktive (crepusculäre) Säugetiere (Petzsch 1950, Müller 1960, Nechay et al. 1977, Niethammer 1982). Neuere Untersuchungen an Tieren im Freiland oder unter halbnatürlichen Haltungsbedingungen haben jedoch gezeigt, dass das oberirdische Aktivitätsverhalten wesentlich differenzierter ist und stark in Abhängigkeit von der jeweiligen Jahreszeit und den Umweltbedingungen steht (Wendt 1989, Weinhold 1998, Abb. 45).

Generell ist die Aktivitätskurve des Feldhamsters bimodal mit zwei Maxima, einem kleineren in den Morgenstunden und einem deutlich größeren in den Abendstunden (Wendt 1989, Weinhold 1998, Abb. 45). Ein Minimum an Aktivität ist um die Mittagsstunden und gegen Mitternacht feststellbar.

Im Frühjahr, wenn die Aktivitätsperiode der Hamster beginnt und die Feldfrüchte noch wenig Deckung bieten, folgt die Aktivitätskurve dem in Abb. 45 dargestellten Verlauf.

Mit dem fortschreitenden Wachstum der Feldfrüchte und der damit verbundenen Optimierung der Deckung verlagert sich ein beträchtlicher Anteil der oberirdischen Aktivität in die Lichtzeit. Die Aktivitätsmaxima rücken näher zusammen, während der Mittagsstunden ist ein deutlicher Rückgang zu verzeichnen, der jedoch nur von kurzer Dauer ist (Abb. 45).

Im August zeigt sich eine deutliche Verlagerung der Aktivitätszeiten in die Dämmerung hinein. Gegenüber Mai/Juni und Juli setzt die abendliche Aktivität deutlich später ein und erreicht ihr Maximum zwischen 20 und 24 Uhr. Auch am Morgen liegt die Aktivitätsspitze um ein Zeitintervall früher, namlich zwischen 4 bis 8 Uhr. In den Stunden zwischen 24 und 4 Uhr zeigt sich ein im Vergleich zu den vorangegangenen Monaten erhöhtes Aktivitätsniveau. Während der Lichtzeit, die vor allem im Juli stärker ausgenutzt wird, lassen sich im August nur niedrige Werte feststellen (Abb. 45).

Diese Verhältnisse korrelieren mit den Wachstumskurven der Feldfrüchte (siehe Abb. 63, Kap. 17). In einem Experiment mit zwei Feldhamstern in Freigehegen konnte Wendt (1989) über Lichtschrankenmessungen bereits ähnliche Werte finden. Nachdem er im September den schützenden Pflanzenbewuchs entfernte, verlagerte sich die Aktivität seiner Versuchstiere ebenfalls in die Dunkelzeit hinein.

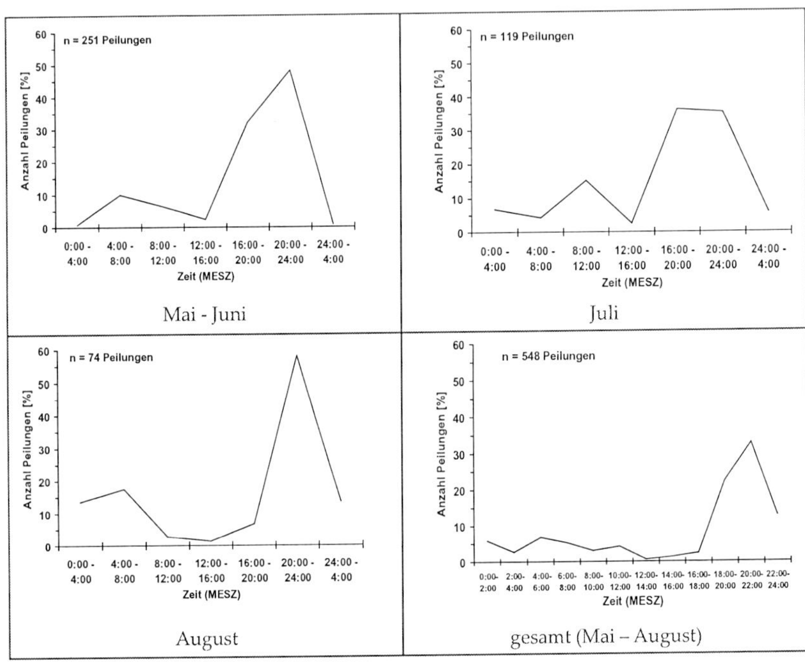

Abb. 45: Diurnaler Aktivitätsverlauf des Feldhamsters im Jahresverlauf im Freiland. Gemessen wurde der Prozentanteil als aktiv gewerteter Peilungen pro Zeitintervall (Weinhold 1998).

In einem Gebiet mit hohem Prädationsrisiko durch Greifvögel konnte nach der Ernte durch telemetrische Peilungen keine oberirdische Aktivität der Feldhamster mehr nachgewiesen werden (n = 234 Peilungen), obwohl vor der Ernte 12% aller Peilungen in eine oberirdische Aktivitätsphase fielen (n = 1.033 Peilungen; Kayser & Stubbe 2003).

Diese Befunde lassen den Schluss zu, dass Feldhamster im Freiland auf die durch die Ernte plötzlich veränderten Verhältnisse hinsichtlich der Pflanzendeckung mit einer Verlagerung ihrer Aktivitätszeit in den Schutz der Dunkelheit reagieren. Da die Getreideernte unter günstigen Bedingungen schon Mitte Juli einsetzen kann, zeigen sich im Freiland die beschriebenen Verhältnisse früher als im Experiment. Wollnik et al. (1991) fanden im Labor ebenfalls eine Veränderung der Aktivitätsrhythmik im Jahresverlauf. Bei ihren Tieren verlor sich der typische, bimodale Aktivitätsverlauf im Herbst und Winter und zeigte keine bevorzugten Zeiträume mehr. Sie korrelierten diese Befunde mit dem Reproduktionsstatus der Tiere in Abhängigkeit vom saisonalen Vorhandensein von Sexualhormonen im Stoffwechselkreislauf. Inwieweit gerade diese Befunde im Freiland eine Rolle spielen, ist noch ungeklärt und auch schwierig festzustellen, da sich im Spätsommer/Herbst auch ein gehöriger Anteil an unterirdischer Aktivität, abgekoppelt von äußeren Faktoren, abspielen kann.

Eine Bodenbearbeitung auf einer Teilfläche Anfang September führte zum Ende der oberirdischen Aktivität und dem Beginn der Überwinterung der dort siedelnden Feldhamster, die bis auf eine Ausnahme ihre Baue nicht wieder öffneten. Der Überwinterungserfolg unterschied sich jedoch nicht von den im Herbst weiterhin aktiven Feldhamstern der restlichen Fläche (Weidling 1996).

Raumnutzung

Jedes Tier bewegt sich bei seinen normalen Aktivitäten der Nahrungs- und Partnersuche sowie der Fortpflanzung in einem mehr oder weniger begrenzten Gebiet, dem Streifgebiet, das auch Aktionsraum oder englisch Home Range genannt wird (Burt 1943, Mohr 1947, Harris et al. 1990, White & Garrott 1990).

Die bisherigen Daten über die Größe eines Hamster-Home Ranges gehen von 1.000m^2 (Hamar et al. 1963) und einem 30m-Radius um den Bau (Eibl-Eibesfeldt 1953) aus. In Hektar umgerechnet würde dies einer Fläche von 0,1 bzw. 0,28ha entsprechen. Beobachtungen diverser Autoren bescheinigen dem Hamster allerdings eine weitaus größere Reichweite, ohne sich jedoch auf eine bestimmte Home Range-Größe festzulegen. So beschreibt Grulich (1978) während der ostslowakischen Gradation im Jahre 1971/72 Hamsterpfade, die 300-700m lang waren, und fand Nahrungsreste an Bauen, die ebenfalls 500-600m weit von den Kulturen entfernt lagen. Bei Vergiftungsaktionen wurden von ihm tote Hamster noch bis zu 500m weit von der Köderstation entdeckt. Aufgrund dieser Beobachtungen kommt er zu dem Schluss, dass Hamster ihre Nahrung auf einer Fläche von 78-450ha suchen.

Aus Rumänien wird von Gurkensamen in Hamsterbauen berichtet, die sich 350-400m weit von Gurkenfeldern befanden (Hamar et al. 1959).

Die Radiotelemetrie erlaubt nun genauere Einblicke in die Raumnutzung. Es zeigte sich eine hohe Geschlechtsspezifität hinsichtlich der Größe und der Lage der Streifgebiete. Männliche Feldhamster durchstreifen ein Gebiet von ca. 1-2ha, weibliche dagegen ein signifikant kleineres Gebiet von nur von 0,1-0,4ha, bisweilen sogar nur 0,02ha, d.h. sie bleiben im unmittelbaren Baubereich (Abb. 46, Tab. 8) (WEINHOLD 1997, 1998, WEIDLING 1997, KAYSER 2002, KUPFERNAGEL 2003). Dabei umfasst ein Streifgebiet von Männchen teilweise oder vollständig die Streifgebiete von Weibchen (Abb. 47). Streifgebiete benachbarter Weibchen können einander aber ebenfalls überlappen, wohingegen die von Männchen sich nahezu ausschließen (Abb. 48).

Diese Streifgebiete werden nicht gleichmäßig genutzt. Am intensivsten wird eine Kernzone von 6% und weniger der Gesamtfläche des Streifgebietes genutzt, die sich auf die Umgebungen eines oder weniger Baue beschränkt (WEINHOLD 1998, KAYSER 2002).

Die von EIBL-EIBESFELDT (1953) und HAMAR et al. (1963) ermittelten Werte fallen in den unteren Bereich des Datenfeldes für Weibchen (Abb. 46).

Mit diesen Werten fällt der Feldhamster keineswegs aus dem Rahmen, sondern ähnelt anderen Kleinsäugern, wie z.B. der Gelbhalsmaus (*Apodemus flavicollis*) oder dem Halsbandlemming (*Dicrostonyx richardsoni*) (BROOKS 1993, SCHWARZENBERGER & KLINGEL 1995).

Die absoluten Home Range-Größen stehen in Abhängigkeit von der Populationsdichte. Bei höheren Dichten werden sie kleiner und beschränken sich auf die Kernzonen um den Bau (EIBL-EIBESFELDT 1953, NECHAY et al. 1977). In diesem Zusammenhang wird deutlich, dass das Home Range keinen statischen Charakter hat, sondern vielmehr ein Produkt der Lebensumstände

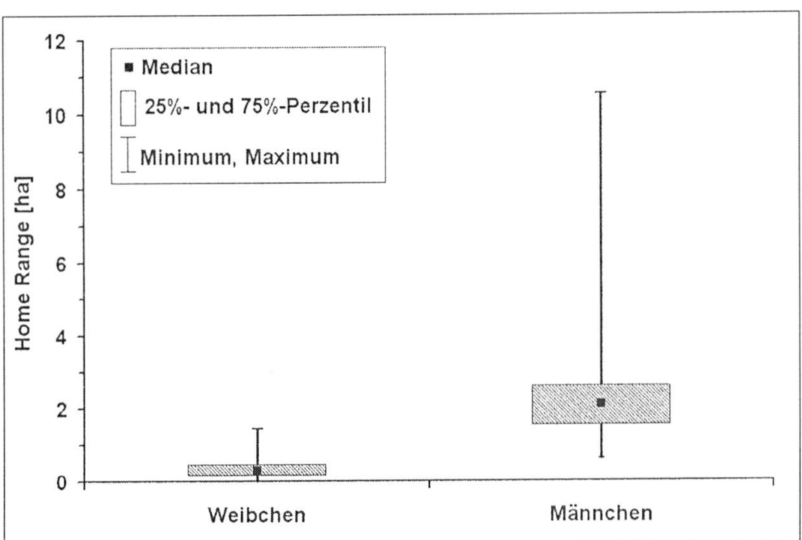

Abb. 46: Box-Whisker-Plot der Home Range-Größen von weiblichen und männlichen Feldhamstern im Freiland (WEINHOLD 1998, KAYSER 2002).

Tab. 8: Mittelwerte und Mediane (*) von Home Range-Größen adulter Feldhamster verschiedener Untersuchungen (aus Kayser 2002 ergänzt). ** Ergebnisse sind unter den besonderen Bedingungen der Umsiedlung auf eine 1ha große Ansiedlungsfläche zu verstehen. s = Standardabweichung.

Land/ Region	**Größe (ha) Männchen (±s)**	**n**	**Größe (ha) Weibchen (±s)**	**n**	**Home Range-Größe ♂/♀**	**Abundanz [Indiv./ha]**	**Methode / Autor**
Russland, Altaigebiet	>10-12ha ?	?	0,0425-0,06 (säugende und trächtige Weibchen bzw. Weibchen mit Jungen)	123	–	1,1-2,2 Frühjahr	Fang, Sommerstreifgebiet / Karaseva (1962)
	0,25 (subadult)	16	0,21 (subadult)	18			
Russland, Altaigebiet	1,10	2	0,06 (mit Jungen)	1	–	0,5-2 Sommer	Fang, Sommerstreifgebiet / Kulik (1962)
	0,135 (subadult)	2	0,675 (subadult)	4			
Russland, Hinterural	0,6083	?	0,1012 (Einzelweibchen) 0,0296 (mit Jungen)	? ?	6,0	25,2 Sommer	Telemetrie von 6 Tieren im Juni/Juli / Telicyna et al. (1999)
Deutschland, Baden-Württemberg	1,62* 1,66 (± 0,8)	5	0,30* 0,44 (± 0,25)	7	5,4* 3,8	0,5-2,6 Frühjahr = Baue/ha	Telemetrie, 100%, korr. ; Minimumkonvexpolygon / Weinhold (1998)
Deutschland, Sachsen-Anhalt	2,48*	7	0,22*	13	11,3	1,0-2,3 Frühjahr = Baue/ha	Telemetrie, 100%; Minimumkonvexpolygon / Kayser (2002)
	1,85*	7	0,22*	13	8,4		Telemetrie, 95%; Minimumkonvexpolygon / Kayser (2002)
**Deutschland, Niedersachsen	1,14	6	0,02-0,1	6		22 (Umsiedlung auf 1ha Ansiedlungsstreifen)	Telemetrie, 95%; Minimum-konvex-polygon / Kupfernagel (2003)

des Individuums bzw. der Population hinsichtlich der Bestandsdichte, der Demografie, des Reproduktionsstatus, der Nahrungsverfügbarkeit und des Klimas ist (Brooks 1993) und dementsprechend variabel sein kann. Im Falle des Hamsters muss man die Home Range-Größe vor dem Hintergrund einer niedrigen Populationsdichte und dem artspezifischen Reproduktionsverhalten interpretieren. Die Nahrungsverfügbarkeit fällt hier zumindest für die Monate Mai bis Mitte Juli nicht ins Gewicht, da der Hamster hinsichtlich seiner Ernährung zum einen als anspruchslos gilt und zum anderen die Felder ein reichhaltiges Nahrungsangebot bereithalten. Wie bereits beschrieben, gehen Feldhamster keine dauerhafte oder saisonale Partnerbindung ein. Die Männchen verpaaren sich mit den Weibchen und gehen dann ihre eigenen Wege. Potenziell kann sich ein männlicher Feldhamster während der von Mai bis August dauernden Reproduktionssaison mit beliebig vielen Weibchen verpaaren. Bei einer gegebenen, niedrigen Populationsdichte liegen die Baue paarungsbereiter Weibchen weiter auseinander als bei hohen Dichten. Folglich erfordert dies von einem Männchen einen größeren Aktionsradius. Ryser (1992, 1995) beschrieb für männliche Nordamerikanische Oppossums (*Didelphis virginiana*) eine Verdopplung der Home Range-Größe während der Fortpflanzungszeit und bezeichnete diese als »search areas«, in welchen die Tiere vornehmlich nach Weibchen suchen. Der größte Flächenanteil eines Home Ranges wird bei männlichen Feldhamstern durch häufige Exkursionen und Wanderungen bedingt, welche dazu führen, dass sich die Streifgebiete von Männchen mit denen mehrerer Weibchen überlappen können (Abb. 47).

Weibchen unternehmen dagegen nur selten Ausflüge in die weitere Umgebung und besitzen dementsprechend eine höhere Aktivitätsdichte, die sich auf einer wesentlich kleineren Fläche konzentriert. Im Falle der Weibchen kommen daher andere Kriterien zum Tragen. Durch die Jungenaufzucht sind sie an eine bestimmte Örtlichkeit, den Mutterbau, gebunden. Nahrung finden sie in unmittelbarer Umgebung des Baues und sind somit nicht gezwungen, größere Strecken zurückzulegen, was sich in einem deutlich kleineren Home Range widerspiegelt.

Abb. 47: Überlappungsverhältnisse der Home Ranges von einem Männchen (AM) und drei Weibchen (AF) (Convex-Polygon-Konturen) (WEINHOLD 1998).

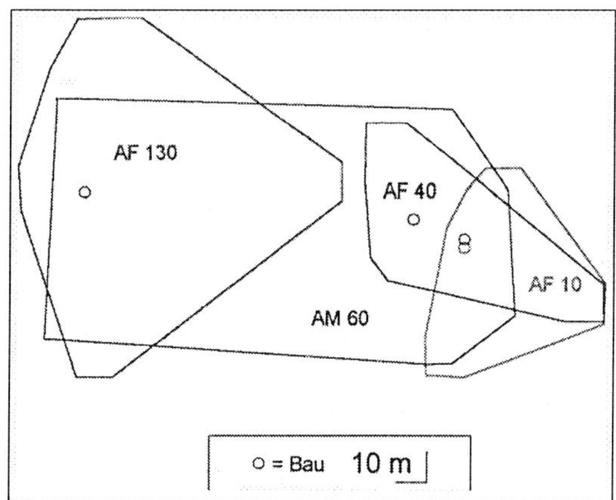

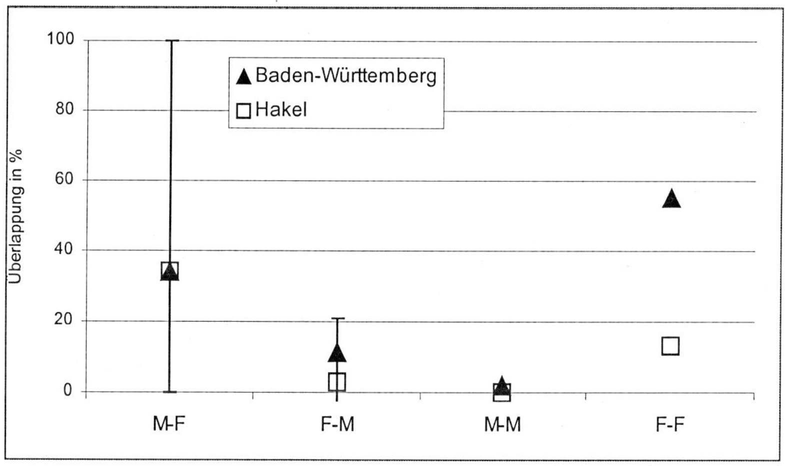

Abb. 48: Zusammenfassung der beobachteten medianen Home Range-Überlappungen von Feldhamstern im Freiland (Baden-Württemberg n = 24; Hakel n = 11). F = Weibchen, M = Männchen, M-F = Männchen-Home Range überlappt Weibchen-Home Range, F-M = Weibchen-Home Range überlappt Männchen-Home Range, M-M = Männchen-Home-Range überlappt Männchen-Home Range, F-F = Weibchen-Home Range überlappt Weibchen-Home Range (WEINHOLD 1998, KAYSER 2002).

13 Ernährungsweise

Feldhamster ernähren sich zwar überwiegend vegetabil, nehmen aber auch tierisches Eiweiß in fast jeglicher verfügbaren Form zu sich. Etwa 10-13% der Nahrung ist tierischer Herkunft, dazu gehören vor allem Regenwürmer, Schnecken, Käfer und andere Insekten (Sulzer 1774, Petzsch 1949, Müller 1960, Surdacki 1964, Górecki & Grygielska 1975, Holišová 1977). Aber auch Jungvögel von Bodenbrütern sowie Amphibien und Kleinsäuger bis hin zu Wirbeltieren vergleichbar der eigenen Körpergröße, wie Schermäuse, Jungkaninchen und Junghasen wurden in der Nahrung des Feldhamsters bereits nachgewiesen (Sulzer 1774, Petzsch 1936, 1949a, 1950). Bei Massenvermehrungen sowie im Zusammenhang mit dem Winterschlaf wurde auch Kannibalismus dokumentiert (Eibl-Eibesfeldt 1953, Holišová 1977, Grulich 1980). Zu Zeiten hoher Populationsdichten und mangelnder Nahrung fanden sich in der Slowakei in 264 untersuchten Backentaschen und 121 Hamstermägen zwischen 5 und 10% an Geweberesten, die von Artgenossen stammten (Holišová 1977).

Im Allgemeinen dominiert Pflanzennahrung mit durchschnittlich 82% den Speisezettel der Hamster (Surdacki 1964). Der Nahrungsbedarf und die Nahrungszusammensetzung (Vitamine, Mineralstoffe) verändern sich im Jahresverlauf. Nach dem Ende des Winterschlafes ist der Nahrungsbedarf sehr hoch, um dann im Jahresverlauf bis zum Winter abzunehmen, wo er sein Minimum erreicht (Wendt 1989b). Im Frühjahr ernähren sich die Tiere von Wintersaat, Rotklee, Erbsenpflanzen und Rüben. Dabei entstehen charakteristische, z.T. mehrere Quadratmeter große Fraßkreise um den Bau herum (Abb. 49). Von Juni bis August liegen grüne Pflanzenteile mit bis zu 95% an der Spitze des Nahrungsspektrums (Surdacki 1964). Erst ab Juli gewinnt das Getreide in Form von Ähren und ganzen Körnern an Bedeutung. Im August und September können Getreidekörner in unterschiedlichster Form zwischen 35 und 70% der pflanzlichen Nahrung ausmachen (Surdacki 1964). Im Oktober lassen sich mit 37,5% kleine Pflanzenwurzeln in der Hamsterkost feststellen. Ackerwildkräuter und Sonderkulturen treten nur zu geringen Anteilen im Speiseplan des Hamsters auf (Surdacki 1964).

Abb. 49: Fraßkreise in Erbsen (oben) und im Bereich eines Baus umgeknickte und zum Teil abgebissene Getreidehalme (unten) (Fotos: A. Kayser u. U. Weinhold).

Tierische Nahrung wurde am häufigsten im Herbst nachgewiesen (Surdacki 1964, Górecki & Grygielska 1975). Die angebauten Kulturpflanzen stehen dem Feldhamster auf dem Acker bis zur Ernte nahezu unbegrenzt, aber in veränderlichen Qualitäten, zur Verfügung. Dennoch können die Wildpflanzen besonders in Zeiträumen mit für den Hamster schlechter Futterqualität oder Quantität der angebauten Kultur einen beträchtlichen Teil der Nahrung übernehmen. Auf einheitlich bewirtschafteten Großflächen spielt dies eine erhebliche Rolle, da andere Kulturen auf Nachbarflächen zur Kompensation in Mangelzeiten erst in größerer Entfernung vorhanden sind.

Die Nahrungszusammensetzung des Feldhamsters steht natürlich in großer Abhängigkeit vom Angebot an Feldfrüchten und Wildkräutern in seinem Lebensraum. Grundsätzlich ist bekannt, dass die Tiere nicht wählerisch sind und, was die pflanzliche Nahrung angeht, keine Spezialisierung zeigen (Sulzer 1774, Petzsch 1933, 1950, Müller 1960, Surdacki 1964, Holišová 1977, Nechay et al. 1977, Niethammer 1982). Dementsprechend vielfältig ist ihr Speisezettel. Nach Müller (1960) fressen Hamster neben den gängigen Getreidesorten wie Weizen, Gerste, Roggen und Hafer auch Mais, Raps, Erbsen, Bohnen, Wicken, Ölfrüchte, Rüben, Kartoffeln, Möhren, Kohlgewächse, Spinat, Salat, Gurken, Zwiebeln, Kürbis, Klee und Luzerne, aber auch Ackerwildkräuter wie den für den Menschen giftigen Bittersüßen Nachtschatten. Diese Liste ließe sich beliebig verlängern und soll nur einen Eindruck über mögliche Nahrungspflanzen vermitteln. Genutzt werden jeweils alle Teile der Pflanze.

Für die Nahrungsbeschaffung ist der Hamster dank seiner kräftigen Nagezähne, seiner Backentaschen und seines Wühlvermögens bestens ausgerüstet. So werden Getreidehalme beispielsweise umgeknickt, um an die Ähren zu kommen. Feldhamster kletterten an Maishalmen, Sonnenblumen, Weinranken und Haselsträuchern empor, um an die Samen oder Früchte zu gelangen (s. Abb. 51, Weber 1956, 1977, Jüttner 1957, Hell & Herz 1969). Die Nahrung wird jedoch selten außerhalb des Baues verzehrt, sondern in den Backentaschen in die sichere Nestkammer transportiert. Größere Stücke, wie Kartoffeln oder Mohrrüben, werden unzerteilt mit hoch erhobenem Kopf getragen oder rückwärts zum Bau geschleift (Eibl-Eibesfeldt 1953).

Tierische Nahrung ist, wie bereits erwähnt, nur eine Beikost. Dem Beutefangverhalten versuchte Hemmer (1968) auf den Grund zu gehen. Er stellte fest, dass Hamster wohl keinen angeborenen Tötungsbiss besitzen, wie von Eibl-Eibesfeldt (1953) beschrieben, sondern in der Regel durch schnelles Zustoßen und kräftiges, oft mehrfaches Zubeißen ihre Beute töten. Besonders bei Wirbellosen scheint die Körperregion, in welche gebissen wird, keine Rolle zu spielen. Bei Wirbeltieren, insbesondere Mäusen, ließ sich eine Tendenz zur zunehmenden Häufung der Tötungsbisse in der Kopf-Brust-Region feststellen (HEMMER 1968). Die Auslöser für das Beutefangverhalten liegen in der geruchlichen, akustischen und optischen Wahrnehmung, wobei letztere erst bei raschen Fluchtbewegungen zum Tragen kommt. Eigene Beobachtungen an Labortieren bestätigen HEMMERS (1968) Studien hinsichtlich des Auslösens der sog. Beuteappetenz. So lange sich die Futterinsekten nicht schnell bewegten, schienen die Hamster sie nicht als Beute zu erkennen. Doch mit dem ersten Schnauzenkontakt und dem Weghüpfen der Heimchen reagierten die Hamster sofort mit raschem Zustoßen, Ergreifen und Zubeißen. Das erbeutete Tier wurde meist sogleich angefressen bzw. zerteilt. Schaffte es ein Heimchen, mit mehreren Sprüngen außerhalb des Wahrnehmungsbereichs des Hamsters zu gelangen, so verlor dieser das Interesse an der Jagd sehr schnell. In keinem Fall konnte ein zielgerichtetes Verfolgen oder Anschleichen beobachtet werden. Jedes erneute Zusammentreffen von Hamster und Beute hatte eher zufälligen Charakter. Es ist daher anzunehmen, dass Feldhamster im Freiland ihre Beute eher im Rahmen ihrer allgemeinen Futtersuche aufstöbern, als dass sie zielgerichtet jagen.

Das Hamstern

Die wohl bekannteste Verhaltensweise der Hamster im Allgemeinen ist das Sammeln und Eintragen von Nahrung zum Zwecke der Bevorratung. Was heute in vielen Privathaushalten die possierlichen Syrischen Goldhamster (*Mesocricetus auratus*) zur Unterhaltung der ganzen Familie vollführen, wenn sie mit vollgestopften Backen versuchen, sich durch zu klein gewordene Öffnungen zu zwängen, hat Jahrhunderte lang zur Verfolgung ihres großen Bruders beigetragen. Schon SULZER (1774) schreibt, dass die eigentliche Sammeltätigkeit mit der Kornreife beginnt, also erst im Juli. Dies korreliert mit dem Ende der Paarungszeit, welche wiederum mit dem Wechsel von Langtag zu Kurztag verknüpft ist (PÉVET 1987, 1988, PÉVET et al. 1987, 1990, CANGUILHEM et al. 1993, MASSON-PÉVET et al. 1994). Der Sammeltrieb als Vorbereitung auf die Überwinterung wird also hormonell gesteuert und mit der natürlichen Photoperiode abgeglichen. Während des Frühjahrs und des zeitigen Sommers finden sich daher nur sogenannte Mundvorräte in den Bauen der Hamster (PETZSCH 1950, NECHAY et al. 1977). Dies ist auch sinnvoll, da zu diesen Jahreszeiten lediglich grüne Pflanzenteile zur Verfügung stehen, die nur kurzfristig genießbar bleiben.

Über die Mengen, welche von Feldhamstern eingetragen werden, gibt es sehr unterschiedliche Angaben. Sie bewegen sich von wenigen Gramm bis hin zu mehreren Kilogramm. SULZER (1774) rechnet mit maximal sechs

Pfund, was heute etwa 2,15kg entspricht. Angaben aus der Vergangenheit von 25 bis 50 und 60kg (u.a. JÜTTNER 1957, HAMAR et al. 1959, MÜLLER 1960) liegen meist höher als spätere von 10 bis 17kg (SCHRÖPFER 1973, FRECHKOP 1981). Nach 1970 wurden in Deutschland kaum noch größere Mengen an Hamstervorräten gefunden. Einzige Ausnahme sind 34kg Erbsen (WENDT 1980). Generell stellen solche Maxima keine repräsentativen Aussagen zu allgemeinen Vorratsmengen dar (WENDT 1989, WEIDLING 1996). Die durchschnittlichen Vorratsmengen sind eher gering und betrugen bei Männchen in den 1980er Jahren 2,25kg, bei Weibchen und Jungtieren noch weit weniger. Besonders bei letzteren reicht der zur Zeit des Pflügens der Felder festgestellte Vorrat kaum für die Überwinterung (WENDT 1989, SELUGA 1996). Diese Ergebnisse zeigen, dass die oft sensationellen Vorratsmengen als absolute Ausnahmen angesehen werden sollten. Auch SULZER (1774) differenziert in dieser Hinsicht und zeigt auf, dass sehr große Vorratsmengen schon damals nicht die Regel waren:

»Von Korn und Weizen haben sie nicht Gelegenheit viel einzutragen, indem es zu früh abgehauen wird. Daher findet man auch selten mehr als ein oder zwei Mäßchen (ca. 2-4kg, Anm. d. Autoren) davon bei ihnen. Aber von Sommerfrüchten sammeln sie sehr viel, besonders von Bohnen und Erbsen; doch haben sie auch oft bis drei Metzen (ca. 22kg, Anm. d. Autoren) Gerste oder Hafer eingebracht.«

Der Sammeltrieb ist eine angeborene Verhaltensweise, die zum Ende der Paarungszeit ihre intensivste Ausprägung hat und solange zur Ausführung kommt, bis die oberirdische Aktivität eingestellt wird. Es finden sich die maximalen Vorratsmengen außerdem fast ausschließlich bei alten Männchen, da diese zum frühestmöglichen Zeitpunkt beginnen, Vorräte einzutragen. Weibchen sind oft noch bis in den Herbst hinein mit der Jungenaufzucht beschäftigt und können daher erst wesentlich später mit dem Sammeln anfangen (SULZER 1774, PETZSCH 1950, WENDT 1984). Des weiteren hängt der Umfang an Vorrat von der Lage des Winterbaus und seiner räumlichen Beziehung zu potenziellen Nahrungsquellen ab. Dominierend sind immer die Feldfrüchte in der unmittelbaren Umgebung des Baus. In den Zeiten der heutigen, großflächig angelegten Monokulturen ist es leicht vorstellbar, dass Feldhamster keine Auswahl darin haben, was als Vorrat in Frage kommt.

14 Der Schädling

Lange, trockene und warme Sommer gelten als gute Hamsterjahre (PETZSCH 1950, MÜLLER 1960, GRULICH, 1980, 1986). Diese klimatischen Faktoren begünstigen einen längeren Reproduktionszeitraum und das Überleben vieler Individuen. GRULICH (1978, 1986) sieht in Flurbereinigungs- und Entwässerungsmaßnahmen sowie in der Bejagung von Beutegreifern zusätzliche anthropogene Einflussnahmen, welche dem Feldhamster zugute kommen. Treffen mehrere solcher Faktoren in einer Region zusammen, können sich die Hamster dort explosionsartig vermehren. NECHAY et al. (1977) ermittelten durch die Auswertung von Fangstatistiken eine Zyklizität solcher Gradationsjahre, die etwa alle 10-15 Jahre auftreten können. Hohe Hamsterdichten führten in der Vergangenheit immer wieder zu erheblichen Schäden in der Landwirtschaft, bis hin zu totalen Ernteausfällen (JÜTTNER 1957, NECHAY et al. 1977). GRULICH (1980) fand während einer Gradation in der

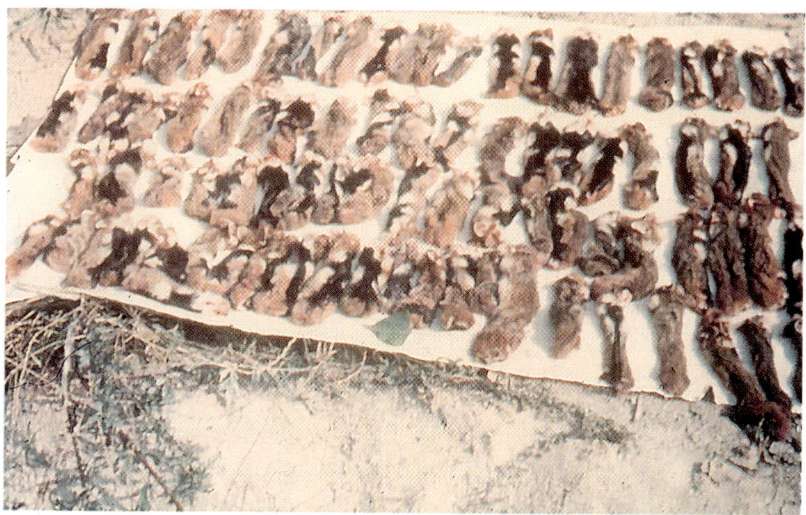

Abb. 50: Erschlagene Hamster während der Gradation in der Ostslowakei 1971/72 (Foto: I. GRULICH).

Ostslowakei 1971/72 regional im Schnitt bis zu 668 belaufene Ausgänge/ha, in Einzelfällen sogar bis 2.000 belaufene Ausgänge/ha. Etwa 2,2 bis 2,9 Ausgänge werden von einem Hamster verwendet (Grulich 1978). Legt man diese Zahlen als groben Rechenwert zu Grunde, so gab es auf den ostslowakischen Feldern im Mittel zwischen 230 und 303 und im Extremfall ca. 900 Individuen/ha (Abb. 50). In Ungarn wurden bei Gradationen 500-650 Baue/ha dokumentiert (Nechay et al. 1977). Dass die Landwirtschaft vergangener Jahrhunderte und Jahrzehnte den Feldhamster begünstigte, belegen auch die Fangzahlen, welche sich in der Literatur finden. So gibt Sulzer (1774) für die Stadtflur Gotha (Thüringen) 54 429 erbeutete Hamster für das Jahr 1721 an. 1773 wurde während einer Gradation hingegen nur ca. die Hälfte dieser Menge erlegt. Im Jahr 1818 waren es im gleichen Gebiet wieder 111 817 Tiere. Die Anzahl verringerte sich in den Folgejahren aber auf ein Zehntel des Wertes (Hocker 1878 nach Zimmermann 1995). In den 60er und 70er Jahren des 20. Jahrhunderts wurden im Durchschnitt 6.600 Felle pro Jahr im Landkreis Gotha aufgekauft (Zimmermann 1995). Vogel (1936) berichtet von 12.000 erschlagenen Hamstern aus dem Jahr 1912 im Bezirk Heilbronn (Baden). Müller (1960) nennt für ganz Sachsen-Anhalt zwischen einer und zwei Millionen abgelieferte Hamsterfelle jährlich für den Zeitraum 1952-1956. Später waren es trotz besserer Organisation des Hamsterfanges nur noch um eine Million (Hubert 1968).

Abb. 51: Hamster auf Klettertour in einer Scheinzypresse (Foto: G. Nechay)

15 Der Hamsterfang

Sinngemäß müssen an dieser Stelle natürlich die Methoden erläutert werden, welche die doch recht beeindruckenden Zahlen des vorangegangenen Abschnittes ermöglichten. Da der Hamsterfang ebenfalls eine lange Tradition besitzt, sind die gängigen Mittel und Methoden, welche man angewandt hat, um des bunten Nagers habhaft zu werden, schon bei SULZER (1774) weitgehend besprochen. Wohl bis Anfang des 20. Jahrhunderts wurden die Hamsterbaue überwiegend ausgegraben, um sowohl den Pelz des Bewohners als auch dessen Vorräte zu erhalten. SULZER (1774) schreibt hierzu:

»Der ausgegrabene Weizen und (das) Korn wird von den Hamstergräbern geschwingt, gewaschen und nachdem er trocken geworden, gemahlen und daraus Brot und Backwerk gemacht, welches ebenso gut schmeckt und ihnen ebenso wohl bekommt als anderes.«

Als Nahrungsmittel für die Geflügel- und Schweinemast wurden nicht nur die Vorräte, sondern auch der Hamster selbst genutzt. Auch der Mensch hat bisweilen, insbesondere in Notzeiten, den Hamster zubereitet und verspeist. Dabei galt die Hamsterleber gebietsweise als Delikatesse.

Auch über das Vergiften der Tiere, das Austränken mit Wasser (Abb. 52), das Häkeln und den Fallenfang mit Holzkastenfallen oder eingegrabenen Töpfen finden sich bei SULZER (1774) kurze Ausführungen.

Der großflächige Einsatz von Totschlagfallen, wie etwa der Kastenfalle oder Hentschelfalle (Abb. 53 u. 54) setzte sich im 20. Jahrhundert zunehmend durch, als die Hamsterfellverwertung zu einem einträglichen Wirtschaftszweig wurde. Fangsaison war vor allem der Monat Mai, in welchem die Fellqualität aufgrund des noch nicht gewechselten Winterfells am besten war (DATHE & SCHÖPS 1986). In Deutschland lagen die besten Fang- und die traditionellen Bekämpfungsgebiete in der Magdeburger Börde und dem Thüringer Becken, welche zusammen mit der niedersächsischen Bördelandschaft den Verbreitungsschwerpunkt markieren.

In den übrigen Gebieten Deutschlands wie auch im angrenzenden Frankreich und in den Niederlanden wurden für Hamsterfelle zwar auch Prä-

Abb. 52: Austränken eines Hamsterbaus in der Ostslowakei um 1971 (Foto: I. Grulich).

Abb. 53: Hentscheldrahtfalle nach erfolgreichem Einsatz, Ende der 1980er-Jahre (Foto: K. Schutt).

Abb. 54: Typische Kastenfalle (Foto: A. KAYSER).

mien gezahlt, doch waren die Vorkommen von der Fläche her deutlich kleiner, so dass die Ausübung des Fanges sich nur für wenige Hamsterfänger rechnete. Ein Hamsterfänger aus Rheinland-Pfalz verdiente in den Jahren von 1960 bis 1981 etwa DM 1,50 pro Fell. Er hatte damals 200-400 Fallen im Einsatz und fing 80-100 Tiere pro Tag (MEIER mdl.). Demgegenüber stehen allein 424 Hamsterfänger des Bezirks Magdeburg aus dem Jahr 1976 (Abb. 55, BÜNNING 1976). Über die jährlich abgelieferten Felle wie auch die Zahl der registrierten Hamsterfänger wurde in der ehemaligen DDR genau Buch geführt (PIECHOCKI 1979, WENDT 1984). In guten Gebieten kam ein Fänger mit seiner Familie im Durchschnitt auf die stattliche Anzahl von 2.000 bis 4.000 Hamstern im Jahr. Täglich wurden dabei 100 bis 300 Tiere gefangen (MÜLLER 1960). Dies bedeutet, dass der Hamsterfang maximal an 40 Tagen im Jahr erfolgte.

Da bis in die 1970er-Jahre die Hamsterbekämpfung im Vordergrund stand, erfolgten bei starkem Befall bzw. Schäden zusätzliche Vergiftungsaktionen (MÜLLER 1960, WENDT 1989). 1976 war durch eine Vergiftungsaktion in

Abb. 55: Hamsterfänger nach erfolgreichem Fang (Foto: K. Schuft).

der Magdeburger Börde auf einer Fläche von 5.000 ha ein Produktionsausfall von etwa 1.500 Hamsterfuttern und 250 Mänteln zu beklagen. Dies entsprach einem damaligen Geldwert von etwa 435.000 Mark (Bünning 1976). Zur Optimierung der Fellproduktion und besseren Ausnutzung des Rohstoffes Feldhamster forderte Bünning (1976) daher den ganzjährigen Hamsterfang als volkswirtschaftliche Notwendigkeit.

Die meisten Hamsterfänger fingen mit ca. 80% überwiegend Männchen. Dies lag zum einen an einer praktizierten Bevorzugung des Fanges von Männchen, die größer waren und damit bei den Fellaufkäufen mehr Geld einbrachten, und der teilweisen Schonung von Weibchenbauen. Andererseits wurde überwiegend im Frühjahr und Herbst gefangen, wenn die Männchen höhere Mobilität und bessere Fängigkeit als die Weibchen aufweisen (Wendt 1989, Kayser unveröff.).

Die präparierten Felle oder Futter ließen sich vor allem als Innenfutter für Mäntel oder als Westen verarbeiten (Abb. 56).

Abb. 56: Mantelinnenfutter aus Hamsterfellen (Foto: A. KAYSER).

In Nordbaden stand hingegen die Schädlingsbekämpfung im Vordergrund, wie aus einer Pflanzenschutzakte des REGIERUNGSPRÄSIDIUMS KARLSRUHE (1982) ersichtlich. In den 1950er-Jahren wurde dem Hamster vor allem mit der Herz'schen Gaspatrone nachgestellt. Das Gift war Phosphorwasserstoff (Phosphin, PH_3), welches nach dem Abbrennen der Gaspatrone unter Hydrolyse der Schlacke entstand. Die hochgiftige Schlacke wurde dann in die Hamsterröhren eingebracht und diese verstopft. Im Jahr 1955 wurden von den nordbadischen Ortschaften Edingen und Wieblingen 200 bzw. 400 solcher Gaspatronen eingesetzt. Weitere 1.000 Stück wurden noch im gleichen Jahr von der Stadtverwaltung Heidelberg bestellt (REGIERUNGSPRÄSIDIUM KARLSRUHE 1982). Blausäuregas, welches in Form von Kalziumcyanid-Tabletten in die Baue eingebracht wurde, kam 1954 auf der Friesenheimer Insel bei Mannheim in die Erprobung, setzte sich aber nicht durch. Immerhin lag der Erfolg nach einmaligem Begasen bei 89% (15 Baue von 135 waren am Tag danach wieder offen) (REGIERUNGSPRÄSIDIUM KARLSRUHE 1982). In der DDR wurden zum Vergiften auch Phosphorwasserstoff in Tablettenform, Zellstoffwattekugeln mit Schwefelkohlenstoff und seit 1979 auch Gastoxin-Tabletten eingesetzt (HOFMEISTER 1965, WIELAND 1969). Der Bekämpfungserfolg bei der Verwendung von Schwefelkohlenstoff (Kohlenstoffdisulfid, CS_2) wird mit 80 bis 98% angegeben (JÜTTNER 1957, HUBERT 1957, THORMEIER 1967). Die Vergiftung mit Schwefelkohlenstoff besaß früher aufgrund der

Einfachheit und der guten Wirkung hohe Bedeutung und erfolgte bereits seit 1770 (MÜLLER 1960). Erst die Lagerung unter Wasser erlaubte jedoch eine sichere Anwendung des an Luft hochexplosiven Gemischs (THORMEIER 1967). Einfacher lagerbar war das gleichfalls sehr gut wirkende Toxin Phosphorwasserstoff. Während einer Gradation in der Ostslowakei kam Zinkphosphid zum Einsatz (GRULICH 1980).

Die Hamsterbekämpfung wurde in den alten Bundesländern noch bis 1982 durchgeführt. So stellte BETTAG (1984) dem Hamster noch in den Jahren 1981/82 bei Ludwigshafen in der Vorderpfalz nach. Stichprobenartig erfasste Baudichten von zehn und mehr Bauen/ha wurden als ausreichend angesehen, um eine Bekämpfung durchzuführen. Die neuen Bundesländer betrieben den organisierten Hamsterfang noch bis 1989, obwohl der Feldhamster 1972 letztmalig als wichtiger Schädling im Nachrichtenblatt des Deutschen Pflanzenschutzdienstes erwähnt und 1975 aus der Liste gefährlicher Pflanzenschädlinge gestrichen wurde.

Die regionale Bekämpfung erfolgte nach Richtwerten. Für hochwertige Kulturen wie Zuckerrüben lag diese bei 10 belaufenen Bauen/ha, für andere Kulturen bei 20 (WETZEL 1984). Im Elsass wurden noch bis 1996 zwi-

Abb. 57: Lebendfang mit Holzkastenfalle (rechts) im Elsass, wie er bis 1996 zu wissenschaftlichen Zwecken stattfand (Fotos: U. WEINHOLD).

Abb. 58: Hamsterfellmantel (Foto: W. KARWOTH)

schen 400-600 Feldhamster pro Jahr zu wissenschaftlichen Zwecken in der Umgebung von Straßburg gefangen (Abb. 57).

Die Gründe, warum man von dem Hamster abließ, sind vielfältig und Gegenstand der nächsten Kapitel. Auch heutzutage kommt es in Deutschland noch zu Tötungen, meist aus Unwissenheit. So werden vereinzelt noch immer Hamster von Kleingärtnern erschlagen (GODMANN 2000).

In Ungarn, der Ukraine und Rumänien wird der Hamsterfang nach wie vor gewerblich und zur Verhütung landwirtschaftlicher Schäden betrieben (NECHAY 2000, BFN pers. Mitt.). Auch heute noch importiert Deutschland zahlreiche Hamsterfelle aus diesen Ländern, die in der Bekleidungsindustrie verkauft werden (Abb. 58).

16 Populationsdynamik

Um zu verstehen, wie es um das Schicksal der Hamsterbestände in Mitteleuropa und vor allem in Deutschland bestellt ist, muss man zunächst ihren natürlichen Verlauf betrachten. Hamster sind typische R-Strategen, d.h. sie zeugen viele Nachkommen, um den Fortbestand ihrer Art zu sichern. Nach NIETHAMMER (1982) kann ein Hamsterpärchen theoretisch bis zu 30 Nachkommen in einem Sommer erzielen. Voraussetzung sind zwei Würfe à sechs Jungtiere, bei einem Geschlechterverhältnis von 1:1, alle bleiben am Leben und die weiblichen Jungtiere des ersten Wurfes werfen noch im selben Sommer jeweils sechs Junge, wie es unter den günstigen klimatischen Bedingungen Osteuropas möglich ist. Tatsächlich können Hamsterweibchen viele Nachkommen (bis zu 18 Junge/Wurf) bekommen und besitzen die Fähigkeit, unter günstigen Umständen auch mehr als zwei Würfe zu bringen. Dies sind die Gründe, warum es in der Vergangenheit immer wieder zu Massenvermehrungen kam (NECHAY et al. 1977, GRULICH 1978). Es wurde jedoch auch festgestellt, dass diese Maxima zyklischer Natur sind und nach kurzer Dauer wieder zurückgehen, stets gefolgt von einer langen Periode mit deutlich niedrigerer Populationsdichte (NECHAY et al. 1977). Gradationen, wie von Nagetieren in der Landwirtschaft bekannt, sind eine künstliche Erscheinung der Agrarkultur selbst. Ein Überangebot an Nahrung und das Fehlen natürlicher Feinde unterstützen generell hohe Populationsdichten. Die ursprünglichen Lebensräume des Hamsters, die Steppen, Halb- und Waldsteppen, fanden in der Kultursteppe Feldflur ihren vom Menschen optimierten Ersatz.

Unter natürlichen Bedingungen fluktuieren Kleinsäugerpopulationen saisonal, circannual und pluriannual (Abb. 59, STUBBE & STUBBE 1991, HAIRSTON 1994).

Dabei nehmen spezifische, regulative Populationsparameter Einfluss auf die saisonale Abundanz. Im Falle des Feldhamsters sind dies klimatische Faktoren wie z.B. Niederschlagsmengen, Wärme- und Kälteperioden, aber auch Nahrungsverfügbarkeit, Deckung, Prädationsdruck und Winterbevorratung. Je nachdem, ob diese Parameter auftreten und in welcher Kombination sie mit einem positiven oder negativen Vorzeichen versehen sind, tragen sie zur Überlebens- oder Mortalitätsrate einer Population bei. Da die Art solitär lebt und auch mit einer Lebenserwartung von ca. 2-3 Jahren recht kurzlebig ist, fallen Faktoren wie Traditionsbildung und individuelle Erfahrung nicht ins Gewicht. Das Startkapital einer Hamsterpopulation ist jeweils die Anzahl Tiere, welche den Winter überlebt. Je mehr dies tun und je günstiger die Umweltparameter des neuen Jahres, desto größer wird das Wachstum der Population sein. Das Jahresmaximum findet sich stets im August, wenn sowohl die adulten als auch die subadulten und juvenilen Tiere des ersten Wurfs und der Folgewürfe präsent sind (Abb. 59, Krsmanović et al. 1987).

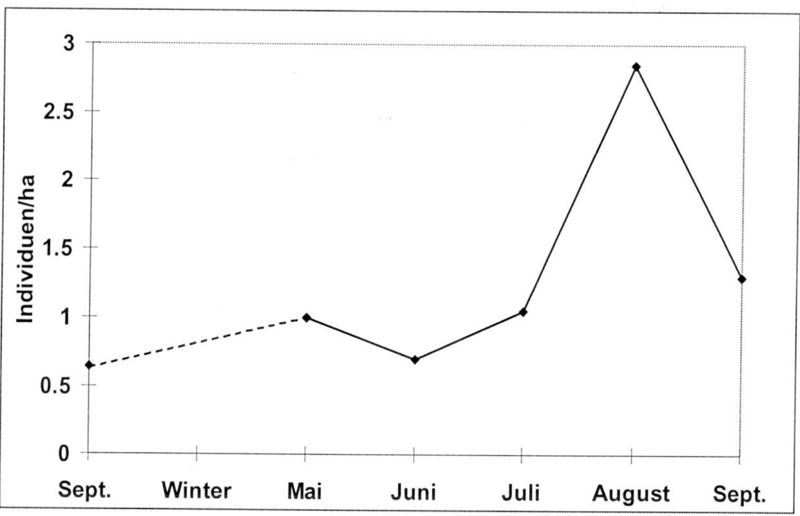

Abb. 59: Saisonale Abundanzdynamik des Feldhamsters. Deutlich ist das Jahresmaximum im August (Weidling & Stubbe 1997).

Im August/September nimmt die messbare Populationsdichte aufgrund verschiedener Faktoren wie Mortalität, Dismigration und Aufsuchen von Winterbauen ab (Krsmanović et al. 1987). Eine weitere Reduktion erfolgt dann über den Winter selbst und der Zyklus schließt sich bzw. fängt im nächsten Frühjahr wieder neu an.

17 Feinde, Parasiten, Sterblichkeit

Konkrete Daten zur Mortalität des Feldhamsters gibt es bisher nur sehr wenige. Zwar sind einzelne Mortalitätsfaktoren durchaus beschrieben (Petzsch 1950, Kemper 1967, Wendt 1991, Nicolai 1994, Baumgart 1996, Seluga 1996, Weidling 1996, Weinhold 1998, Kayser et al. 2003), ihr quantitativer Anteil an der Gesamtmortalität einer Population ist aber weitgehend unbekannt. Erste Daten hierzu liegen von Kayser et al. (2003) vor. Doch zunächst sollen die wichtigsten Mortalitätsfaktoren im Einzelnen beschrieben werden.

Wintermortalität

Die Wintermortalität stellt einen Komplex dar, dem verschiedene Todesursachen zugrunde liegen können. Gründe für diese Art der Mortalität können mangelnde Winterbevorratung, Alter oder Krankheiten sein. Auch spielen klimatische Faktoren eine Rolle (Nechay et al. 1977).

Wichtigster Grund für das Sterben im Winter scheint aber die mangelnde Winterbevorratung zu sein. Wendt (1991) fand bei Laboruntersuchungen, dass Hamsterweibchen etwa 0,78kg und Männchen im Schnitt 1,22kg Laborfutter während der Überwinterung verbrauchen, und nimmt für das Freiland einen Futterbedarf von 1-1,5kg Getreide an. Kontrollgrabungen nach Abschluss der Ernte erbrachten jedoch nur für 54% der Tiere dieses Vorratsminimum. Da aufgrund der Intensivlandwirtschaft schon ab September auf der Feldflur Nahrungsmangel herrscht, erhöht sich nach Wendt (1991) die benötigte Vorratsmenge um 0,6-1kg. Damit verringerte sich der Anteil ausreichend bevorrateter Tiere auf 15,4 %, wobei dies ausschließlich Männchen waren. Von der Wintermortalität sind daher überwiegend Weibchen und Jungtiere betroffen. Seluga (1996) hingegen stellte in der Magdeburger Börde nur noch 6,7% Baue mit ausreichendem Vorrat fest. Wendt (1991) kommt entgegen seinen Berechnungen von 85% auf eine empirische Wintermortalität von 61,5%, da viele Tiere die Probeflächen nach dem Pflügen verlassen haben, allerdings mit unbekanntem

Schicksal. Eine wichtige Rolle spielt in diesem Zusammenhang nicht nur die Menge, sondern auch die Qualität des Wintervorrats. So beschreibt Grulich (1981) den Fund von 5kg Zuckerrübenschnitzeln, die in eine schwarze, amorphe Masse übergegangen waren. Obwohl eine ansehnliche Menge, war diese Art der Bevorratung für den betreffenden Hamster wohl kaum mehr von Nutzen. Gleiches gilt für grüne Pflanzenteile, Obstfrüchte und ähnliches. Um erfolgreich zu überwintern, braucht der Hamster lagerfähigen Vorrat in Form von trockenen Körnern, Samen und Schoten. Auch müssen die klimatischen Verhältnisse der Vorratskammer selbst stimmen, damit Quellungsprozesse und das Auskeimen der Körner unterbleiben. Ein Hamstermännchen, welches in einem Freigehege am Zoologischen Institut der Universität Heidelberg lebte, hatte seinen Bau offensichtlich in einer etwas zu feuchten Ecke des Geheges angelegt und folglich keimte ein Großteil seines Weizenvorrates aus. Neben dem Problem des richtigen Vorrates und der ausreichenden Menge ist also auch die Lage des Winterbaus ausschlaggebend (siehe Kap. 2).

Prädation

Zahlreiche Beutegreifer sind für den Hamster belegt. So gelten unter den Greifvögeln vor allem Mäusebussard, Rotmilan und Schwarzmilan als »Hamstervertilger«, die den Feldhamster zwischen 16 und 40% Anteil am Gesamtbeutespektrum nutzen (Wuttky 1968, Stubbe et al. 1991). Unter den Eulen wird vor allem der Uhu als regelmäßiger Jäger des Hamsters mit einem Beuteanteil von 20-50 % genannt (Görner 1972, Grulich 1980, Nicolai 1994). Kleinere Eulenvögel nehmen gelegentlich junge Hamster (Grulich 1980, Weidling 1996). An den nur mausgroßen, subadulten Hamstern können praktisch alle fakultativ myophagen Formen prädieren, so z.B. Graureiher, Weißstorch, Saat- und Rabenkrähe sowie Elstern (Grulich 1980).

Auch Carnivoren sind als Nutzer des Beutetiers Hamster verbürgt. So fand sich der erste Nachweis des im Main-Kinzig-Kreis seit Jahren als verschollen geltenden Hamsters durch den Beuterest eines Steinmarders, den dieser in einer Steinkauzröhre abgelegt hatte (Peter 1996). Weitere Feinde des Hamsters sind Fuchs, Dachs, Mauswiesel, Hermelin und Iltis (Petzsch 1950, Eibl-Eibesfeldt 1953, Müller 1960, Grulich 1980). Während die beiden Erstgenannten dem Hamster in der Regel nur oberirdisch nachstellen und das Mauswiesel aufgrund seiner geringen Größe wohl in erster Linie nur Junghamster erbeutet, können Letztere dem Hamster bis in dessen Bau folgen (Petzsch 1950, Eibl-Eibesfeldt 1953).

Unter den domestizierten Carnivoren sind Hauskatzen und Haushunde als potenzielle Jäger des Hamsters zu nennen.

Das schnelle Abernten der Getreideflächen, aber auch für längere Zeit deckungsarme Kulturen wie Rüben, Erbsen und Mais können zu einer erhöhten Prädation an Hamstern führen (Wendt 1991, Weidling 1996, Weinhold 1998, Kayser et al. 2003). Greifvögel besitzen die Fähigkeit, in Getreideflächen bis zu einer Vegetationshöhe von ungefähr 30cm zu jagen. Carnivoren bevorzugen ebenfalls häufig geringere Deckung oder Vegetationshöhe zum Jagen. In jungen Erbsen, Zuckerrüben und anderen deckungsarmen Kulturen können Fraßkreise, welche die Hamster im Mai um ihre Baue durch das Abfressen der grünen Pflanzen anlegen, persistieren und oft 1m Durchmesser überschreiten (vgl. Abb. 49). Über diesen Fraßkreisen haben Greifvögel noch lange die Möglichkeit zu jagen.

Eine hohe Mortalität im Frühjahr reduziert den Reproduktionserfolg der Population, da alle betroffenen Individuen adulte Tiere sind, die dann nicht mehr an der Reproduktion teilnehmen können.

Krankheiten und Parasiten

Der Feldhamster stellt ein Reservoir für zahlreiche Krankheiten und Parasiten dar (Nechay et al. 1977, Grulich 1980, Pelz & Pilaski 1996). Die wichtigsten Zoonosen, die auch für den Menschen eine Gefährdung darstellen, sind Tularämie, Listeriosen, Leptospirosen, Salmonellosen, Rickettiosen und Tollwut (Müller 1960, Popp 1960, Nechay et al. 1977, Grulich 1980, Šebek et al. 1987, Pelz & Pilaski 1996). Stark abgemagerte Individuen sind anfällig für Rodentiose, eine Tuberkulose (Müller 1960, Wendt 1989).

An Endo- und Ektoparasiten finden sich nach Nechay et al. (1977) ebenfalls diverse Vertreter, welche in Tab. 9 aufgelistet sind. Schon Sulzer (1774) fiel eine Milbe im Fell des Hamsters auf, welche er als *Acarus criceti* beschrieb und ansonsten als »Hamsterlaus« bezeichnete.

Das Wissen über Einflüsse von Krankheiten und Parasiten auf die Populationsökologie des Hamsters wird als unzureichend beklagt (Müller 1960, Nechay et al. 1977, Grulich 1980). In dieser Hinsicht besteht noch immer Forschungsbedarf. So fehlen Untersuchungen zur Epidemiologie einzelner Krankheiten und zur durchschnittlichen Befallsrate gesunder Tiere mit Endo- und Ektoparasiten. Zum Beispiel betrug der Parasitierungsgrad der Feldhamster in Ungarn mit *Heligmosomoides travasossi* 70% bei einer Intensität von 200-300 Würmern (Mészáros 1977). Dabei stellt der Feldhamster die einzige bekannte Wirtsart für diese Spezies dar. Krankheiten sind als unmittelbare Todesursache innerhalb einer gesunden Population sicherlich kein bestandslimitierender Faktor. GRULICH (1980) fand, dass selbst während der Gradationsjahre 1971/72 in der Ostslowakei Krankheiten die Populationsdichte nicht merklich beeinflussten.

Tab. 9: Übersicht über die beim Hamster nachgewiesenen Endo- und Ektoparasiten (nach NECHAY et al. 1977).

Endoparasiten		Ektoparasiten	
Cestoda	Nematoda	Siphonaptera	Acari
Hydatigera taeniaeformis, Heligmosomoides travasossi, Aprostatandrya macrocephala, Catenotaenia pussila, Taenia tenuicollis, Hymenolepis diminuta, H. straminea, Physocephalus quadrialatus, Paranoplocephala omphalodes	*Strongyloides ratti, Capillaria annulosa, C. muris-sylvatici*	*Ceratophyllus fasciatus, C. martinoi, C. penicilliger, C. turbidus, Ctenopthalmus assimilis, Ct. obtusus, Ct. rettigi, Ct. secundus*	*Dermacentor marginatus, D. pictus, D. daghestanicus, Eulaelaps stabularis, Haemogamassus nidi, Haemolaelaps glasgowi, Hirstionyssus criceti, Ixodes redikorzevi, I. ricinus, I. persulcatus, I. apronophorus, I. laguri, Macrocheles matrius, M. decoloratus, Myacarus arvicolae, Myocoptes criceti, Myonyssus rossicus, Neoschoengastia rotundata, N. angusta, Nothrolaspis decoloratus, Rhipicephalus turanicus, Rh. rossicus, Trombicula autumnalis*

Agrotechnische Maßnahmen

Typische anthropogene Mortalitätsfaktoren sind agrotechnische Maßnahmen. So konnte SCHRÖPFER (1973) 40 durch Jauchedüngung getötete Feldhamster auf 2ha Fläche feststellen. Auch das Auspflügen von Junghamstern ist belegt (SCHRÖPFER 1973, WEIDLING 1996). Überfahrene und im Bau erdrückte Tiere können diesen Befunden hinzugefügt werden (Abb. 60, WEINHOLD 1998). Hierbei scheint vor allem die Schnelligkeit der eingesetzten Maschinen eine ähnlich fatale Rolle zu spielen, wie sie bei Wiesenbrütern festgestellt wurde (BORN et al. 1990, VOGT 1993).

Da sicherlich eine hohe Dunkelziffer hinsichtlich nicht entdeckter Tierverluste anzunehmen ist, geht WEIDLING (1996) von einem stärkeren Einfluss dieses Faktors aus. Im Fall der sog. Ernteopfer handelt es sich um einen zusätzlichen Mortalitätsfaktor, welcher erst in den letzten drei bis vier Jahrzehnten mit der vollständigen Technisierung der landwirtschaftlichen Betriebe zunehmend an Bedeutung gewann (Hofmeister & Garve 1986). Zu Zeiten einfacher, langsamer Erntemaschinen und einem Großteil an manueller Tätigkeit konnten derartige Verluste sicherlich ausgeschlossen werden.

Abb. 60: Im Baueingang durch Mähdrescher erdrücktes Hamstermännchen, das mit Hilfe der Radiotelemetrie gefunden wurde (Foto: U. Weinhold).

Verkehr

Kemper (1967) zählte am Neusiedler See bis zu 200 überfahrene Tiere pro Kilometer und schreibt dem artspezifischen Abwehrverhalten der Hamster eine fatale Prädisposition für den Verkehrstod zu, da sie sich gegenüber einem sich rasch nähernden Objekt verteidigungsbereit aufrichten und dieses anspringen. Die meisten überfahrenen Tiere fand er in Rücken- oder Seitenlage, wenige jedoch in Bauchlage. Röben (1966) bediente sich der im Raum Mannheim-Heidelberg häufig überfahrenen Hamster für seine Untersuchungen. Nicolai (1994) und Grulich (1996) sehen in der Häufigkeit verkehrstoter Hamster einen Indikator für die Bestandsdichte und stellten eine saisonale Häufung der Verkehrsopfer für den Hochsommer, mit den höchsten Werten im August, fest. Die heutigen, als äußerst niedrig einzustufenden Verkehrsopferzahlen repräsentieren nicht nur die allgemein

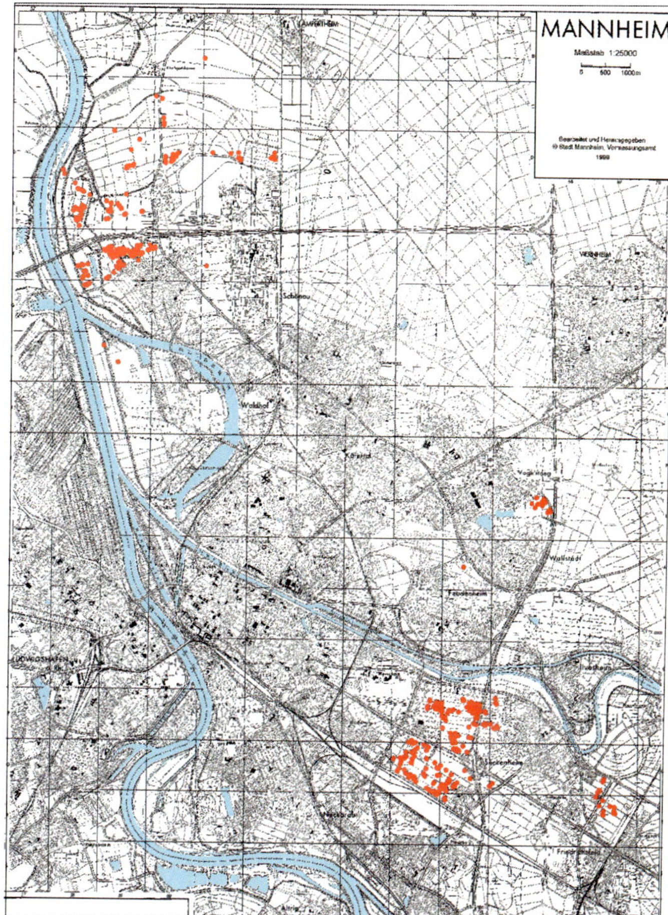

Abb. 61: Lage von Hamsterpopulationen (rote Punkte) bei Mannheim (BW). Durch die Zerschneidung mit Flüssen, Straßen und Schienen sowie Bebauung entstehen kleine, isolierte Hamsterinseln.

niedrige Bestandsdichte, sondern zeigen auch, dass aufgrund des niedrigen Populationsdrucks kaum Abwanderungen erfolgen.

Eine Ausnahme davon war das Jahr 1998 in Sachsen-Anhalt und Thüringen. Während sonst nur einzelne überfahrene Hamster dokumentiert werden konnten, waren es damals ca. 891 in Thüringen und 116 in Sachsen-Anhalt (Zimmermann, Martens, Kayser unveröff. Daten) (Abb. 62).

Mader (1979) stellte bei Gelbhalsmäusen und Laufkäfern fest, dass bereits Landstraßen eine hohe Isolationswirkung auf Tierpopulationen ausüben können. In Regionen, wie z.B. dem Rhein-Neckar-Raum, die einer sehr starken Infrastruktur unterliegen, können Verkehrswege, aber auch Siedlungsbau zu einer fast vollständigen Abtrennung und Zerschneidung von Flächen mit Hamsterbesatz führen (Abb. 61). Dies wiederum beeinflusst nachhaltig die Fluktuation zwischen benachbarten Populationen und kann sich damit negativ auf deren genetische Fitness auswirken. Im Allgemeinen sind mehrere Migranten pro Generation notwendig, um genetische Differenzierungen zwischen Populationen zu verhindern (FRANKHAM et al. 2002).

Abb. 62: Überfahrener Hamster auf einer Landstraße (Foto: U. WEINHOLD).

Gesamtmortalität

Die eben vorgestellten Mortalitätsfaktoren wirken zu verschiedenen Anteilen auf eine Hamsterpopulation. Sie alle tragen zur Gesamtsterblichkeit bei (Abb. 63). Regional erfahren die einzelnen Mortalitätsfaktoren auch infolge der unterschiedlichen Landwirtschaftsbedingungen verschiedene Gewichtung (Tab. 10, KAYSER et al. 2003). Wintermortalität und Prädation stellen die Hauptfaktoren dar (WEIDLING & WEINHOLD 1998, KAYSER et al. 2003). Krankheiten und Verkehr spielen aus heutiger Sicht eine untergeordnete Rolle. Der Anteil an sog. Ernteopfern ist schwer zu quantifizieren und möglicherweise höher als bisher ermittelt. Die Sterblichkeit im Winter, wie auch der Prädationsdruck, welchem die Hamster ausgesetzt sind, hängt heute, viel stärker als noch vor wenigen Jahrzehnten, von der modernen Landwirtschaft und deren Arbeitsabfolgen ab (Abb. 63).

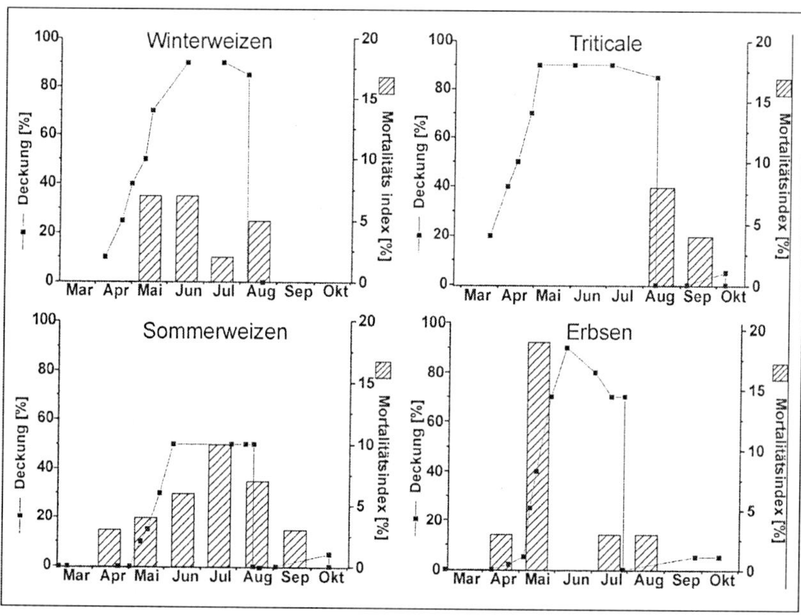

Abb. 63: Verlauf der saisonalen Mortalitätsrate von Feldhamstern in Abhängigkeit vom Pflanzenwachstum und von landwirtschaftlichen Arbeitsprozessen (Kayser et al. 2003).

Tab. 10: Todesursachen beim Feldhamster in Prozent in zwei Regionen Deutschlands (nach Kayser et al. 2003).

Todesursache	Totfunde		besenderte Feldhamster	
	Hakel n = 30	Mannheim n = 7	Hakel n = 35	Mannheim n = 28
Ernte/Landwirtschaft	10%	43%	6%	4%
Krankheiten	3%	29%	0%	7%
Prädation	87%	29%	49%	29%
Wintermortalität	--	--	0%	18%
unbestimmte Mortalität	--	--	3%	18%
unbekanntes Schicksal	--	--	43%	25%

18 Der Einfluss der Landwirtschaft

Immer wieder wurde in den vorangegangenen Kapiteln Bezug auf die Landwirtschaft genommen. Im Folgenden soll eine Übersicht über deren Entwicklung sowie die damit verbundenen Vor- und Nachteile für den Feldhamster gegeben werden. Bevor die Römer Germanien und angrenzende Landesteile zum Teil eroberten, herrschte noch eine Feld-Gras-Wirtschaft vor (Hofmeister & Garve 1986). Erst mit den Römern hielt eine systematischere Landnutzung allmählich Einzug. Hinzu kamen neue Nutzpflanzen wie Sellerie, Mangold, Aprikosen, Pfirsich und natürlich Wein. Aus der Zeit um 250 n. Chr. fand sich ein Hamsterskelett in einem römischen Brunnen bei Ladenburg (Rhein-Neckar-Kreis), der bisher älteste Beleg des Hamsters als Kulturfolger (Lüttschwager 1968). Mit Beginn des Mittelalters um etwa 800 n. Chr. kam die Dreifelderwirtschaft auf (Hofmeister & Garve 1986). Die Hamster profitierten in dieser Zeit sicherlich von der verbesserten Landnutzung im Allgemeinen, der Vergrößerung der Anbaufläche, der Vielzahl an nutzbaren Feldfrüchten, dem erstmaligen Angebot von Winter- und Sommergetreide, sowie der ausschließlichen Bewirtschaftung der Felder mit einfachstem Gerät. Das 18. Jahrhundert stellte eine weitere Phase der Optimierung des Ackerbaus dar (Hofmeister & Garve 1986). Trockenlegungen von Feuchtgebieten (Hofmeister & Garve 1986) vergrößerten unter anderem das für den Hamster potenziell besiedelbare Areal. Die Bestellung der Brachefläche mit mehrjährigen Futterpflanzen wie Luzerne, Klee und Esparsette (Könnecke 1967, Hofmeister & Garve 1986) lieferte dem Hamster einen zusätzlichen, gegenüber den Getreidefeldern störungsarmen, nahrungs- und deckungsbeständigen Zweitlebensraum. Die Kombination dieser Faktoren, wie auch die geringen Feldgrößen und die damit verbundene Diversität an Feldfrüchten, welche für den Hamster erreichbar waren, begünstigten dessen zunehmende Ausbreitung sowie hohe Populationsdichten. Ein Phänomen, von welchem übrigens alle synanthropen Nager profitierten. Im 19. Jahrhundert kamen weitere Veränderungen hinzu, welche die Ausbreitung der Art und deren Überleben unterstützten. Die verbesserte Dreifelderwirtschaft überbrückte das Brachestadium mit dem Anbau von Raps, Kartoffeln, Futter- und Zuckerrüben (Könnecke 1967,

Hofmeister & Garve 1986). Die Einführung des Fruchtwechsels nutzte die unterschiedlichen Ansprüche der Kulturarten an den Boden und ließ eine optimierte Auslastung der Ackerfläche zu. Für den Hamster erhöhte sich in dieser Zeit das Nahrungsangebot bei gleich gebliebener, überwiegend manueller Feldbearbeitung. Zwar gab es bereits viehgetriebene Maschinen für Aussaat, Ernte und Umbruch, doch arbeiteten diese langsam und waren nur bedingt einsetzbar. Ein Großteil der Ernte wurde auch noch im 20. Jahrhundert von Hand eingebracht, bevor die Technisierung der Landwirtschaft in den 50er Jahren begann (Könnecke 1967, Hofmeister & Garve 1986). Getreidegarben wurden zum Trocknen auf den Feldern aufgestellt und boten den Hamstern auch nach der eigentlichen Ernte noch Nahrung. Die gesamten landwirtschaftlichen Arbeitsprozesse liefen langsamer ab, der Stoppelumbruch und das Pflügen erfolgten häufig erst im Spätherbst, da im Gegensatz zu heute vorrangig Sommergetreide angebaut wurde. So hatten die Hamster ausreichend Gelegenheit, sich mit Vorräten einzudecken, zumal Halm- und Blattfrüchte wie auch Viehfutterschläge sich mosaikartig in der Feldflur abwechselten und ein in saisonaler Abfolge verfügbares Nahrungsspektrum boten (Tab. 11).

Tab. 11: Neunfelderwirtschaft in Form verbesserter Dreifelderglieder, wie sie u.a. im 19. Jahrhundert vorkam (nach Könnecke 1967).

1. Rotklee, auf dessen Stoppel Stallmist	4. Kartoffeln mit Stallmistdüngung	7. Futterrüben mit Stallmistdüngung
2. Hafer mit Stallmistdüngung	5. Winterweizen	8. Sommergerste
3. Winterweizen	6. Winterroggen	9. Winterroggen mit Klee-Einsaat

Mit der Erfindung der »künstlichen Düngung« durch Justus von Liebig (1803-1873) sowie den Erkenntnissen der Mendelschen Vererbungslehre (Gregor Mendel 1822-1884) wurde der Grundstein für die heutige Intensivlandwirtschaft gelegt (Hofmeister & Garve 1986). Erst dadurch war es möglich, sich von traditionellen ackerbaulichen Methoden zu trennen und eine Spezialisierung auf wenige Feldfruchtarten vorzunehmen. Der Zustand der heutigen landwirtschaftlichen Produktionsbetriebe mit ihren rationalisierten ackerbaulichen Standards geht letztlich auf die Entwicklungen des 19. Jahrhunderts zurück. Mit der bereits erwähnten Technisierung der Landwirtschaft und dem damit einhergehenden Verlust an Vielfalt der Feldfrüchte wendet sich allmählich das Blatt für den Feldhamster. Die Verbesserung des Mechanisierungsgrades führte zu einer erhöhten Bearbeitungsintensität und -frequenz sowie der Möglichkeit des tiefen und jähr-

Abb. 64: Große Flächen werden heute in nur wenigen Stunden, ganze Gebiete in wenigen Tagen abgeerntet, hinten rechts im Bild ist bereits der Traktor mit dem Pflug zu erkennen, der oft nur wenige Stunden nach der Ernte die Fläche bereits umbricht und schwarz zurücklässt (Foto: A. Kayser).

lichen Pflügens. Durch häufiges Befahren der Felder mit schwerem Gerät sind Bodenverdichtungen bis in 50cm Tiefe und mehr nicht ungewöhnlich (Becher & Martin 1987). Im Vergleich zu naturbelassenen Böden sind Kulturböden heute überkomprimiert (Culley & Larson 1987).

Die immer schneller werdenden Arbeitsabfolgen, die frühen Ernte- und Umbruchtermine verkürzen die Zeitspanne der Nahrungsverfügbarkeit. Die Getreideernte ist in den typischen Hamstergebieten meist schon Ende Juli/Anfang August vollständig abgeschlossen. Der simultane Stoppelumbruch vernichtet die Erntereste, welche als mögliche Winterbevorratung dienen könnten (Abb. 64, 65).

Zwar bietet die Nachbegrünung der Felder mit Ackersenf eine gewisse Überbrückung bis zum Herbst, doch stellt dieses Grünfutter kein lagerfähiges Material dar und kann daher nicht als Wintervorrat dienen. Das Verschwinden von mehrjährigen Viehfutterschlägen wie Klee und Luzerne, bedingt durch die Aufgabe der bäuerlichen Viehhaltung in ganzen Landstrichen, nimmt dem Hamster einen wichtigen Ausweichstandort (Tab. 12) (Petzsch 1950, Kramer 1956, Grulich 1978, 1980).

Zu Beginn des 20. Jahrhunderts kam es zudem zu einer verbesserten Saatgutreinigung. Später folgte der Einsatz von Bioziden und verstärkt auch

Tab. 12: Anteil ausgewählter Feldfruchtarten an der Ackernutzung in Prozent zwischen (1950) und 1976/77 (nach Hofmeister & Garve 1986, verändert) in einigen Bundesländern mit Feldhamstervorkommen.

Fruchtarten	Niedersachsen	Nordrhein-Westfalen	Hessen	Rheinland-Pfalz	Baden-Württemberg	Bayern
Getreide	(60,2) 76,0	(60,0) 75,9	(58,0) 75,7	(55,2) 75,4	(53,1) 67,2	(61,0) 63,3
Kartoffeln	(18,3) 5,7	(14,2) 3,4	(15,6) 5,6	(16,1) 6,4	(12,4) 5,0	(14,0) 7,0
Zuckerrüben	(6,5) 9,4	(4,7) 7,9	(2,4) 4,0	(2,2) 5,0	(1,3) 2,6	(1,1) 4,2
Futterrüben	(5,0) 2,1	(7,8) 2,7	(8,6) 4,3	(7,6) 4,0	(5,6) 3,1	(5,6) 2,9
Klee	(2,3) 0,1	(6,0) 0,4	(6,1) 1,7	(4,8) 1,6	(7,7) 5,3	(9,0) 5,3
Luzerne	(0,5) 0,01	(0,9) 0,05	(3,4) 0,8	(6,7) 1,0	(7,2) 2,0	(4,2) 1,5
Hülsenfrüchte	(1,2) 0,1	(0,5) 0,1	(0,5) 0,09	(0,1) 0,1	(0,5) 0,2	(0,3) 0,08

von Düngemitteln, der sich ab der Mitte des Jahrhunderts vervielfachte (MacDonald & Smith 1990). Der Einsatz von Düngemitteln bewirkte eine großflächige Verschiebung der Ackerwildkrautflora hin zu rein stickstofftoleranten Arten (Kretschmer 1995). Neben der Reduzierung der pflanzlichen und tierischen Nahrungsvielfalt können sich die Wirkstoffe der Biozide auch auf die Gesundheit der Säugetiere sowie deren Reproduktion, z.B. in Form sog. endokriner Disruptoren, auswirken (Guilette & Guilette 1996, Toppari et al. 1996, Harrison et al. 1997). Bei Untersuchungen von Feldhamstertotfunden aus Sachsen-Anhalt enthielten alle analysierten Proben Rückstände von persistenten Chlorkohlenwasserstoffen und Schwermetallen, jedoch nur in sehr geringen Mengen (Kayser et al. 2001, 2003). Ein Grund für die geringe Belastung ist der Anwendungsrückgang dieser Stoffe in der Landwirtschaft in den letzten Jahrzehnten.

Flurbereinigung in Verbindung mit der Vernichtung von landschaftlichen Strukturelementen und Vergrößerung der Ackerschläge führte zusammen mit den oben beschriebenen Veränderungen in weiten Teilen zu einer Umwandlung des Agroökosystems von einer artenreichen Lebensgemeinschaft zu einer intensiv genutzten Hochleistungsmonokultur.

Abb. 65: oben: Die Ackerflächen nach der Ernte und der Bodenbearbeitung bieten dem Feldhamster weder Schutz noch Nahrung (Foto: U. WEINHOLD), **unten:** Nach der Ernte sichert ein Feldhamster am Baueingang (Foto: A. KAYSER).

19 Phänologie des Bestandsrückgangs

Der Rückgang der Hamsterdichten ging schleichend voran und wurde lange Jahre nicht registriert. Erste Anzeichen machten sich bereits zeitig auf den ackerbaulich schlechteren Böden in den Randgebieten der Verbreitung bemerkbar, z.B. auf den steinigen Böden um Dresden (Petzsch 1936). Piechocki (1979) analysierte die Hamsterfellaufkommen im Bezirk Halle zwischen 1953 und 1978 und fand einen stetigen Abwärtstrend, welcher auch von Peaks in einzelnen Jahren nicht beeinflusst wurde. Dies gab Anlass, über die möglichen Ursachen dieses Prozesses nachzudenken. Schon damals kam der industriellen Landwirtschaft eine Schlüsselstellung zu. Frühe Erntezeitpunkte, Herbizideinsatz und Düngung sowie durch die schweren Landmaschinen verursachte Veränderungen des Bodengefüges wurden als mögliche Faktoren diskutiert, gefolgt vom gewerbsmäßig betriebenen Fang und der parallel laufenden Schädlingsbekämpfung mit Gift (Piechocki 1979). Dem Wissenschaftler war bereits zu dieser Zeit klar, dass sich die Hamsterbestände ohne unterstützende Maßnahmen nicht wieder erholen würden. Wendt (1984b) bestätigte die Wahrnehmungen Piechockis (1979) mit eigenen Daten und forderte eine Schonung geschwächter Hamsterbestände und der Weibchen. Die Fellaufkaufstellen forderten hingegen einen ganzjährigen Hamsterfang und den Verzicht auf Begiftung (Bünning 1976, Unrein 1976, Unrein & Horn 1980). Ende der 1980er-Jahre hatten bereits viele Hamsterfänger in den Bördegebieten Ostdeutschlands ihre Tätigkeit aus Gründen der Unrentabilität eingestellt. Zu diesem Zeitpunkt wurde der Hamster bereits in der Roten Liste der alten BRD geführt.

Die Entwicklung der Aufkaufzahlen an Hamsterfellen in der DDR, die überwiegend aus dem heutigen Sachsen-Anahlt stammten, zeigt den Beginn des Rückgangs bereits deutlich in den 1960er-Jahren (Abb. 66). Mit dem Bau der Deutschen Mauer am 13.8.1961 kam es zu einem kurzfristigen Anstieg, der aber möglicherweise auch ein verstärktes Abliefern der Felle widerspiegelt, die nun nicht mehr privat über die innerdeutsche Grenze verschoben werden konnten. Dieses Phänomen würde auch die nach Angaben des Pflanzenschutzdienstes trotz einer Feldhamstergradation geringen Fellzahlen für 1961 erklären, wobei regional auch chemische Bekämpfungsaktionen eine Rolle spielten. Trotz einer Erhöhung der Aufkaufpreise verstärkte sich der Rückgang in den 1970er Jahren, insbesondere auch infolge eines ganzjährig praktizierten Hamsterfanges. Dieser führte zu einer stärkeren Reduzierung der Weibchen, die vorrangig in den Sommermonaten gefangen wurden, und damit zu einem bedeutenden Eingriff in das reproduktive Potenzial.

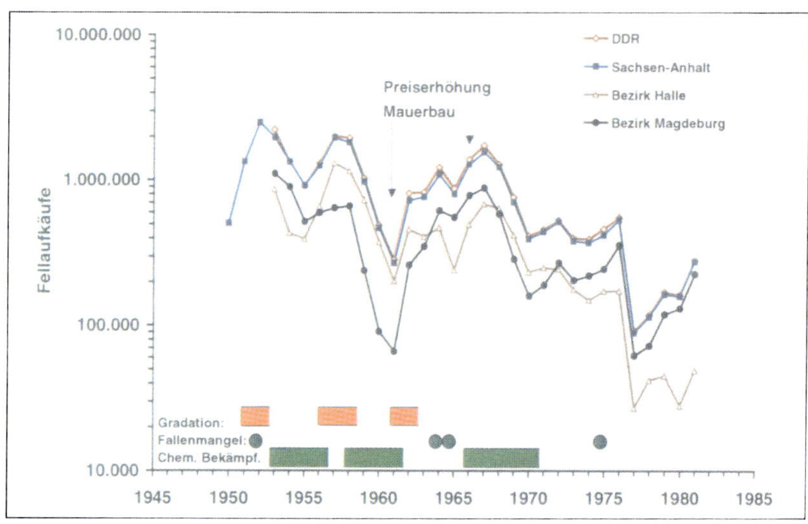

Abb. 66: Entwicklung der Fellaufkaufzahlen der DDR, die zu mehr als 90% aus den Bezirken Halle und Magdeburg stammten und damit ungefähr dem heutigen Sachsen-Anhalt entsprechen. Die Summe der Bezirke Halle und Magdeburg ist als Sachsen-Anhalt blau dargestellt. Nach Daten des VEB Edelpelze Schkeuditz, VVB Tierische Rohstoffe, des Nachrichtenblatts für den Deutschen Pflanzenschutzdienst Jhg. 1921-39, 1946-1990 und aus Müller (1960), Hubert (1968), Piechocki (1979), Weber (1982) und Stubbe & Stubbe (1998).

Noch deutlicher wird diese Entwicklung, wenn man einzelne Gebiete näher betrachtet. Während Anfang des 20. Jahrhunderts eine Fluktuation der Anzahl gefangener Feldhamster pro Hektar um einen Mittelwert auftrat, folgte später trotz vergleichbarer Fangintensität ein stetiger Abwärtstrend, der durch einzelne Peaks nur kurzfristig unterbrochen wurde (Weidling 1996, Abb. 67).

Mit dem Verschwinden der Art aus der Feldflur ließ auch die Aufmerksamkeit der Wissenschaft nach, wie die wenigen Publikationen belegen, welche zwischen 1980 und 1996 vorliegen. Die meisten Arbeiten beschränkten sich darauf, den Bestandsrückgang zu protokollieren, erforschten aber seine Hintergründe nicht genau. Mit der Wahl des Hamsters zum Wildtier des Jahres 1996 durch die Schutzgemeinschaft Deutsches Wild

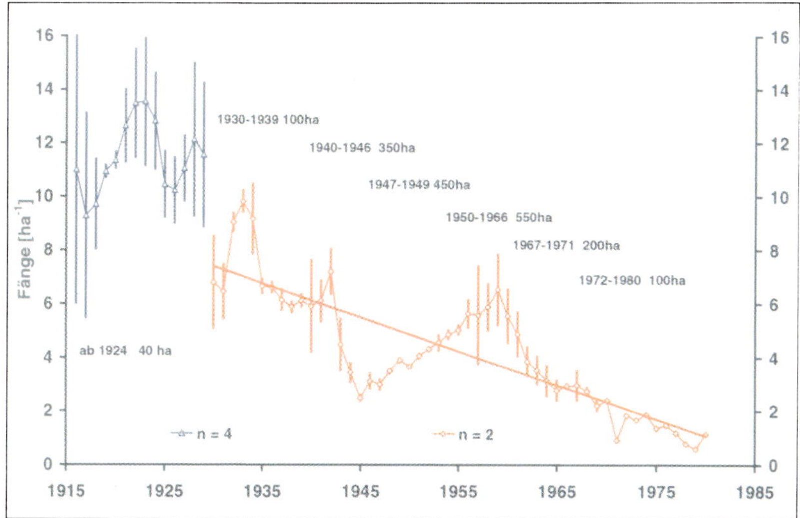

Abb. 67: Entwicklung von Feldhamsterfangzahlen pro Hektar auf benachbarten Flächen bei Aschersleben (Sachsen-Anhalt) nach Daten des Hamsterfängers Marscheider (nach Weidling 1996, verändert); angegeben ist die jährlich befangene Fläche.

rückte der Nager, auch durch die damit verbundene erhöhte Medienpräsenz, wieder mehr ins Bewusstsein von Behörden und Zoologen. Gegen Ende des letzten Jahrhunderts hatte man in vielen Bundesländern den dramatischen Rückgang und Arealverlust bemerkt und mittels Kartierungen oder Umfragen erfasst (Abb. 68). Es zeichnete sich deutlich ab, dass die Populationsdichten nicht nur gering waren, sondern die räumliche Ausdehnung ebenfalls abgenommen hatte. Dieser Rückgang und die damit verbundenen geringeren Populationsgrößen können die genetische Variabilität verringern (siehe Kap. 2, Neumann et al. 2004), was sich negativ auf die Überlebenswahrscheinlichkeit auswirken kann. Dies könnte auch eine Ursache für den beobachteten Rückgang der Farbvariationen sein (siehe Abb. 7).

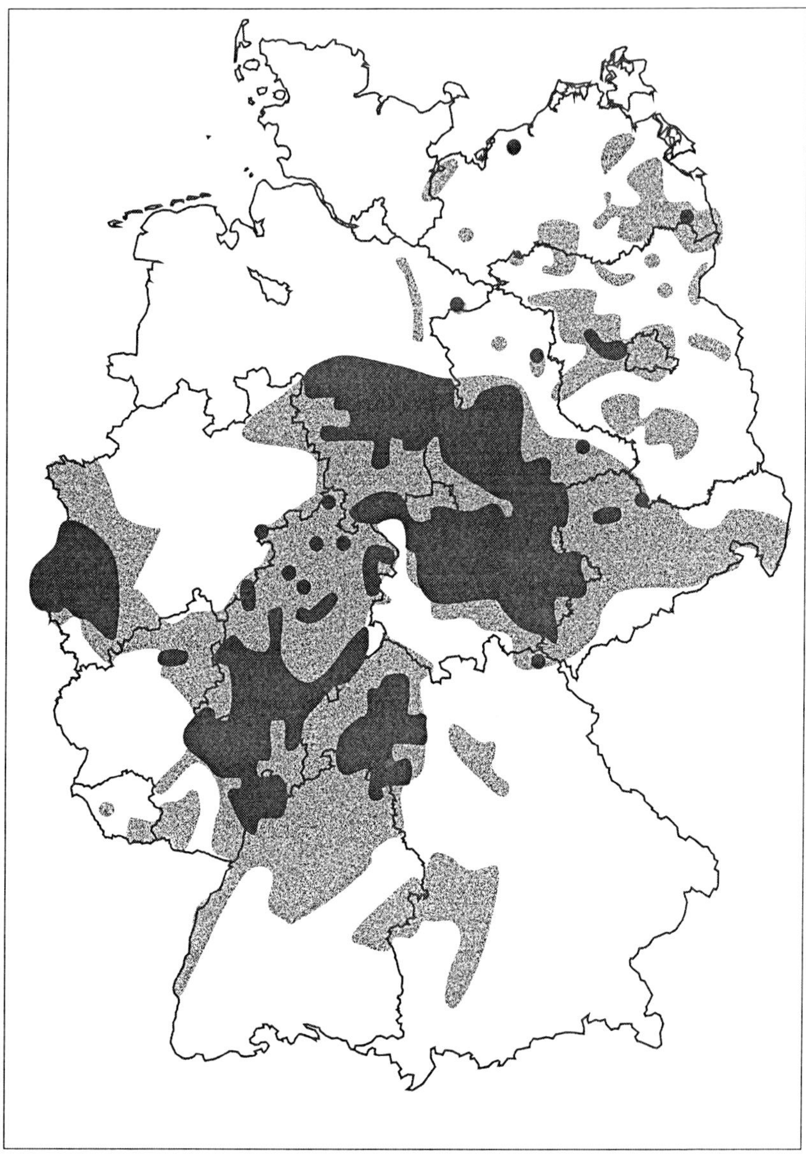

Abb. 68: Ehemalige (grau) und heutige Verbreitung (schwarz) des Feldhamsters in der BRD, nach Daten verschiedener Autoren zusammengestellt und ergänzt (NEHRING 1894, LÖNS 1909, ZIMMERMANN 1923, 1927, 1934, WERTH 1936, PETZSCH 1936, 1950, WENDT 1984, HERRMANN 1991, POTT-DÖRFER & HECKENROTH 1994, ZIMMERMANN 1995, TEUBNER et al. 1996, HUTTERER & GEIGER-ROSWORA 1997, SELUGA & STUBBE 1997, GEIGER-ROSWORA & HUTTERER 1998, MEYER 1998, SELUGA 1998, THIELE 1998, WECKERT & KUGELSCHAFTER 1998, WEINHOLD 1998).

20 Die gegenwärtige Situation in Deutschland

Der Feldhamster besiedelte in Deutschland vorzugsweise die ackerbaulich genutzten Ebenen mit den besten Böden. Im Norden erreichte er vereinzelt die Linie Lauenburg — Neubrandenburg — Anklam und im Süden überschritt er die Donau bei Aschaffenburg.

In Bayern ließen sich nach VOITH (1990) Hamster regelmäßig noch in Unterfranken nachweisen, ehemalige Vorkommen aus dem nördlichen Schwaben sind erloschen und ein kleines Areal um Hof in Oberfranken gilt als Relikt der Ausläufer thüringischer Vorkommen. In Baden-Württemberg

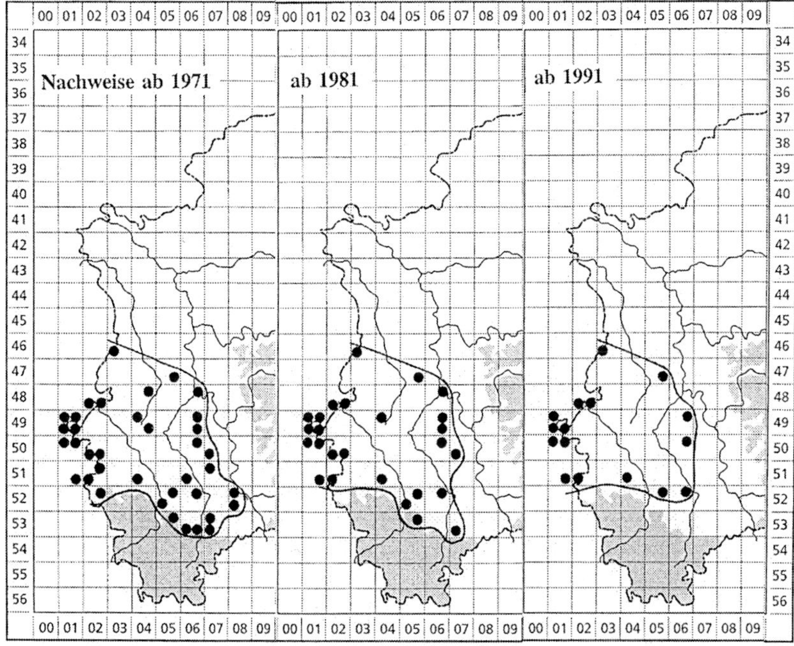

Abb. 69: Der Arealverlust des Hamsters in Nordrhein-Westfalen (HUTTERER & GEIGER-ROSWORA 1997).

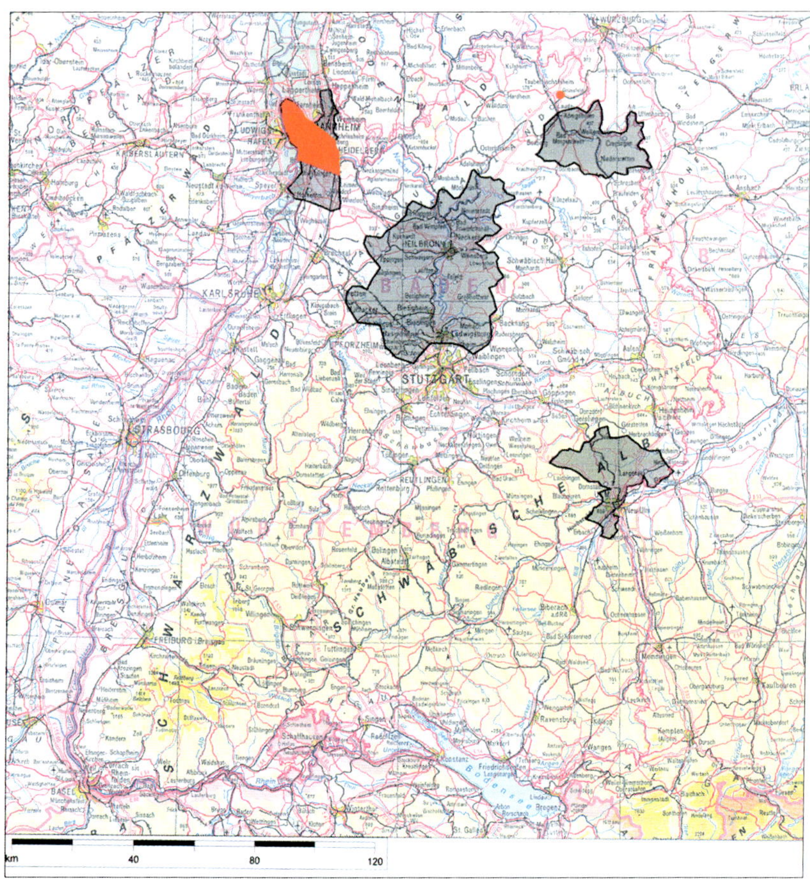

Abb. 70: Die ehemalige (schwarz schraffiert) und aktuelle (roter Punkt und roter Bereich) Verbreitung des Hamsters in Baden-Württemberg.

galten die Hamster bis 2004 in drei von ehemals vier Verbreitungsgebieten als verschollen (MUSCHKETAT 1990, WEINHOLD 1996, Abb. 70), sie fanden sich nur noch in Nordbaden bei Mannheim, wurden aber 2005 im Main-Tauber-Kreis wiederentdeckt (WEINHOLD unveröff.). Für Hessen meldet GODMANN (1998) das Verschwinden des Hamsters aus zahlreichen Gemarkungen und klassifiziert ihn als eines der bedrohtesten Säugetiere des Landes. In Rheinland-Pfalz belegt THIELE (1998) die Ausdünnung der Vorkommen zwischen Mainz und Speyer. In Nordrhein-Westfalen büßte der Hamster über 70% seines ehemaligen Verbreitungsgebietes ein (Abb. 69) und konzentriert sich heute nur noch auf die westlichen Bereiche des Landes (HUTTERER & GEIGER-ROSWORA 1997). Auch Niedersachsen stellte eine »...starke

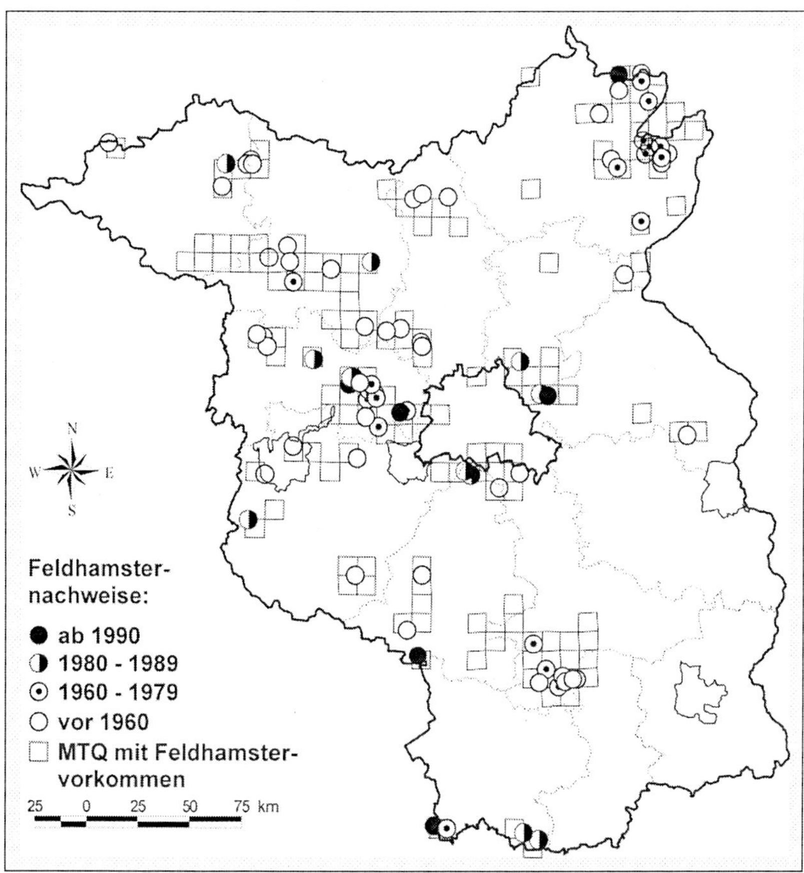

Abb. 71: Die ehemalige und aktuelle Verbreitung des Hamsters in Brandenburg MTQ = Messtischblattquadrat (TEUBNER et al. 1996, KAYSER & KAYSER 2002).

Rückgangstendenz...« des Feldhamsters in den Bördegebieten fest (POTT-DÖRFER & HECKENROTH 1994).

In Brandenburg und Mecklenburg ist die Art vom Aussterben bedroht. Es konnten in den 1990er Jahren nur noch Einzelfunde festgestellt werden (Abb. 71, TEUBNER et al. 1996, WEIDLING & STUBBE 1998). In den großen mitteldeutschen Verbreitungsgebieten Thüringens, Sachsens und Sachsen-Anhalts ist der Rückgang durch Arealverlust und Ausdünnung innerhalb der Vorkommensgebiete charakterisiert (STUBBE et al. 1997). Nur hier und in Niedersachsen gibt es noch größere, zusammenhängende Vorkommen, die das Verbreitungskerngebiet in Deutschland bilden.

21 Die Situation im übrigen Europa

Die Daten über die Verbreitung und den Zustand der Hamsterpopulationen in den einzelnen europäischen Ländern sind sehr heterogen. An seiner westlichen europäischen Verbreitungsgrenze in den Niederlanden, Belgien und Frankreich kam der Hamster ohnehin nur kleinräumig vor und hat dort ebenfalls starke Bestandseinbrüche und Arealverluste hinnehmen müssen (Abb. 72, Libois & Rosoux 1982, Krekels & Gubbels 1996, Baumgart 1996, Wencel 1998, Mercelis 2003). In Südost- und Osteuropa gelten die Vorkommen gegenüber den westlichen Anteilen noch als gesichert, doch fehlen häufig genaue Zahlen. Wo diese allerdings verfügbar sind, lässt sich ebenfalls eine Rückgangstendenz belegen. So führen Österreich, Bulgarien, Kroatien und Slowenien den Hamster als geschützte Art (Nechay 2000). In Polen, Rumänien, der Tschechei, Slowakei, Ungarn, Serbien, Russland, Weißrussland, Kasachstan und Moldawien sind die Kenntnisse über die

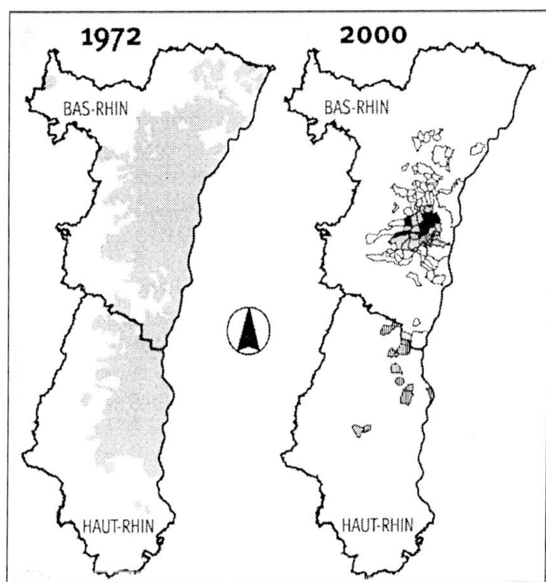

Abb. 72: Ehemalige und aktuelle Verbreitung des Feldhamsters im Elsass (Frankreich) 1972 und 2000 (Losinger 2002).

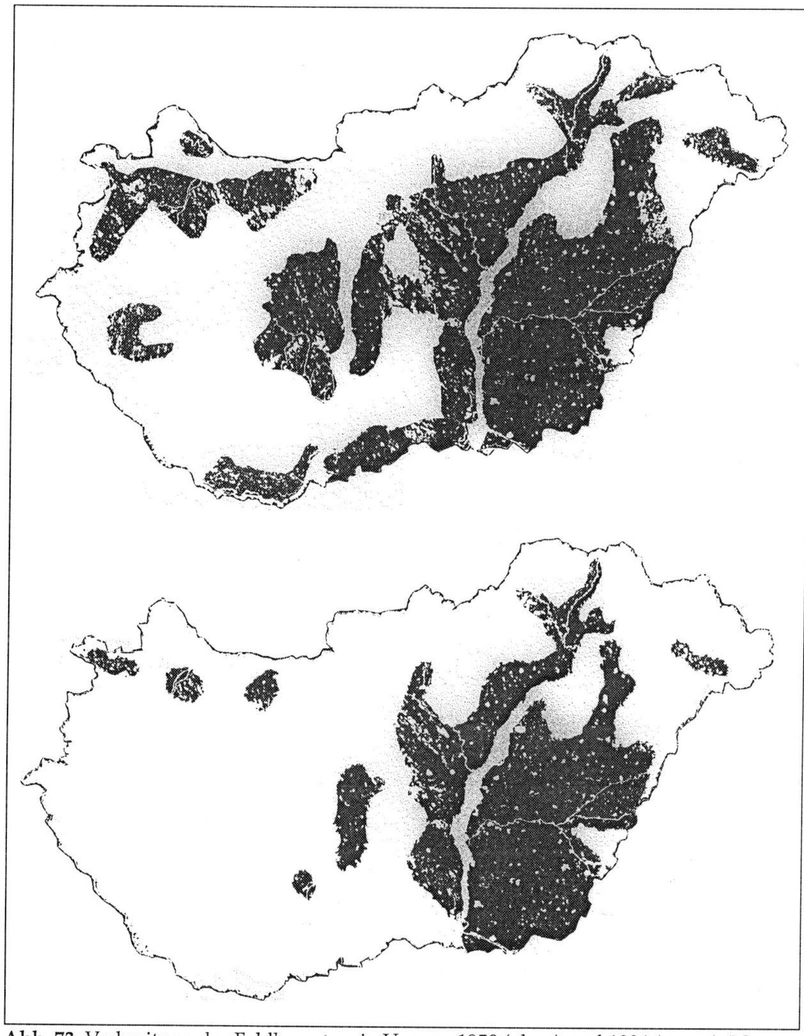

Abb. 73: Verbreitung des Feldhamsters in Ungarn 1950 (oben) und 1994 (unten) (Nechay 2000).

Hamsterpopulationen zum Teil sehr lückenhaft, er wird vielerorts noch als Schädling bekämpft und sein Fell vermarktet (Abb. 73, Nechay 2000).

Die auch in Osteuropa zunehmende Intensivierung und im Zuge der EU-Vorgaben geforderte Umstrukturierung der Landwirtschaft sind erste Anzeichen, dass die osteuropäischen Bestände eine ähnlich besorgniserregende Entwicklung nehmen werden wie die in Mittel- und Westeuropa (Nechay 2000).

22 Schutz

Der Feldhamster ist international über die Berner Konvention von 1979 im Anhang II als streng geschützte Art, über die Fauna-Flora-Habitat-Richtlinie 1992 (FFH), Anhang IV als streng zu schützende Art, national über das Bundesnaturschutzgesetz § 42 und die Bundesartenschutzverordnung, Kategorie b, besonders geschützt. In der Roten Liste der BRD wurde die Art von der Schutzkategorie »gefährdet« 1984 in »stark gefährdet« 1994 hochgestuft (NOWAK et al. 1994).

Die rechtlichen Verbindlichkeiten, die sich aus den oben angeführten Gesetzestexten ergeben, sind unter anderem:

Verbote:

- des absichtlichen Fangs oder der Tötung
- der absichtlichen Störung, insbesondere während Fortpflanzungs-, Aufzucht-, Überwinterungs- und Wanderungszeiten
- jeglicher Beschädigung oder Vernichtung der Fortpflanzungs- und Ruhestätten

Gebote:

- Ergreifung von Maßnahmen, um die betreffende Art in einem günstigen Erhaltungszustand zu erhalten (Art. 1, FFH, auch Natura 2000)
- Einführung eines strengen Schutzsystems (Art. 12, FFH)
- Einführung eines Systems zur fortlaufenden Überwachung des unbeabsichtigten Fangs oder Tötens (Art. 12, Abs. 4, FFH)
- Förderung der nationalen Politik zur Erhaltung insbesondere von gefährdeten Arten (Art. 3, Abs. 1, Berner Konvention)
- Berücksichtigung der Erhaltung wildlebender Pflanzen und Tiere bei der Planungs- und Entwicklungspolitik (Art. 3, Abs. 2, Berner Konvention)
- Ergreifung geeigneter und erforderlicher gesetzgeberischer Verwaltungsmaßnahmen, um die Erhaltung der Lebensräume von Tier- und Pflanzenarten, insbesondere derer in Anhang I und II, sicherzustellen (Kap. II, Art. 4, Abs. 1, Berner Konvention)

Über Art. 16 der FFH-Richtlinie und § 62 des Bundesnaturschutzgesetzes sind Eingriffe in den Lebensraum nur dann zulässig, wenn es keine anderweitigen, zufriedenstellenden Lösungen gibt und unter der Bedingung, dass die Populationen der betroffenen Art in ihrem natürlichen Verbreitungsgebiet trotz der Ausnahmeregelung ohne Beeinträchtigung in einem günstigen Erhaltungszustand verweilen.

Dies bedeutet, dass alle geplanten Eingriffe in den Lebensraum des Feldhamsters vorab zu bewerten, artenschutzrechtlich zu genehmigen und gegebenenfalls auszugleichen sind.

In der Praxis gestaltet sich der Hamsterschutz in seiner Umsetzung wesentlich schwieriger, als zunächst vermutet. Da es sich um eine Art handelt, welche ausschließlich in der ackerbaulich genutzten Kulturlandschaft zu finden ist, müssen mögliche Schutzmaßnahmen in Abstimmung mit der Landwirtschaft bzw. den Landwirten erfolgen. Sein historisch bedingt schlechter Ruf als Schädling ist in diesem Zusammenhang nicht unbedingt hilfreich. Da Ackerland bei Raum- und Landschaftsplanungen im Allgemeinen als ökologisch wertlos gilt, ist die Implementierung der artenschutzrechtlichen Belange schwierig und häufig unterrepräsentiert. So gibt es in der Praxis bisher auch nur sehr wenige konkrete Schutzkonzepte. Erste Empfehlungen für eine hamsterschonende Bewirtschaftung gaben Voith (1990), Weinhold (1997), Stubbe et al. (1997) und Backbier et al. (1998), die alle eine Extensivierung der ackerbaulichen Praxis, die Förderung mehrjähriger Viehfutterschläge und der kleinräumigen Diversität an Feldfrüchten zur Grundlage haben. Der Schutzwert verschiedener Maßnahmen ist in Tabelle 13 dargestellt.

Sachsen-Anhalt begann als erstes Bundesland 1995 mit der Umsetzung von Schutzmaßnahmen. In Thüringen wurde von 1998 bis 2004 ein Hamsterschutzprojekt mit elf landwirtschaftlichen Betrieben durchgeführt, die im Rahmen der Kulturlandschaftsprogramme gefördert wurden. In beiden Bundesländern wurden mit den Landwirten Verträge über fünf Jahre abgeschlossen. Zu den Maßnahmen gehört der Verzicht auf den Einsatz von Pestiziden, insbesondere Rodentiziden und Herbiziden. Die Bodenbearbeitung darf nur zwischen Oktober und April stattfinden und nicht tiefer als 25cm erfolgen, eine Tiefenlockerung ist nicht erlaubt. Getreidestreifen zwischen den Mähbreiten sind bei der Ernte zu belassen. Es ist zudem nur der Anbau bestimmter Fruchtarten wie Getreide, Körnerleguminosen sowie mehrjähriger Futterpflanzen gestattet, nicht aber Hackfrüchte, Mais und Sonderkulturen wie etwa Tabak, Erdbeeren und Raps. In Thüringen ist jeweils die Hälfte eines von Hamstern bewohnten Feldes in dieser Art zu bewirtschaften. Die Landwirte erhalten dafür Förderungen. Mittels Modellberechnungen konnte gezeigt werden, dass eine späte Ernte und eine

Tab. 13: Einteilung der einzelnen Maßnahmen zum Hamsterschutz nach ihrem Schutzwert, (+ = guter Schutzwert, ++ = optimaler Schutzwert, - = kein Schutzwert).

Maßnahme	Schutzwert						
	1. Optimierung der Deckung		2. Erhöhung der Nahrungsverfügbarkeit	3. Begünstigung Wintervorrat	4. Schutz der Jungtiere	5. Optimierung Habitatqualität	6. Herabsetzung Schadstoffbelastung
	1.1 Frühjahr	1.2 Spätsommer/ Herbst					
Stoppelumbruch erst ab Mitte Oktober	-	+	++	+	+	+	-
Minimierung des Spritzmitteleinsatzes	-	-	-	-	-	+	++
Erhöhung des Halmfruchtanteils in der Fruchtfolge	++	-	+	-	-	+	-
Förderung des Anbaus von mehrjährigen Feldfutterkulturen	++	++	++	++	+	++	-
nur geringer Anteil von spät auflaufenden Kulturen gegenüber Halmfrüchten	++	-	-	-	-	+	-
keine Bodenbearbeitung tiefer als 25cm	-	-	-	-	++	-	-
keine Düngung mit Gülle oder Aufbringen von Klärschlamm	-	-	-	-	+	++	+
bedarfsgerechter Einsatz von Mineraldüngern	-	-	-	-	-	++	+
Anlage von Getreidestreifen nach der Ernte (mind. 5m breit)	-	+	++	++	+	+	-
Verringerung der Schlaggröße bei großen Feldern	+	+	+	+	-	++	-
Anlage von krautigen Ackerrandstreifen (mind. 12m Breite)	+	+	++	+	-	+	-
Erhöhung des Feldfruchtartenspektrums in kleinräumiger Abfolge	+	+	++	++	+	++	-

späte Bodenbearbeitung sich förderlich auf das Überleben einer Population auswirken, da insbesondere Weibchen als empfindlichste Komponente der Population davon profitieren (Ulbrich & Kayser 2004).

Entsprechende Programme sehr unterschiedlicher Niveaus und Qualität existieren mittlerweile ebenfalls in Nordrhein-Westfalen, Rheinland-Pfalz, Baden-Württemberg und Bayern. Ein verbindliches länderübergreifendes Konzept oder gar eine gemeinsame Strategie fehlen allerdings.

Von den Nachbarländern besitzen die Niederlande und Frankreich ebenfalls Schutzprogramme (Krekels 1999, Wencel et al. 1999). In Frankreich sind zusätzlich Kompensationszahlungen für vom Hamster verursachte Schäden in der Landwirtschaft möglich (Wencel 1998). Die Niederlande konzentrieren sich auf die Wiederansiedlung nachgezüchteter Tiere in speziell eingerichteten Reservaten (de Vries 2003, Smulders et al. 2003).

Bisher gibt es »aus Sicht des Feldhamsters« positive Erfahrungen mit dem ökologischen Landbau (Kayser & Stubbe 2002, 2003) und bei sehr kleinräumigem Anbau von diversen Kulturen in 3m breiten Streifen mit dem Verzicht auf Ernte (Kupfernagel 2003, pers. Mitt.). Allgemein sind die Ergebnisse der wenigen Effizienzkontrollen der einzelnen Schutzprogramme sehr heterogen. Es wechseln sich zeitlich und/oder lokal positive, neutrale und mitunter sogar negative Entwicklungen ab (Kayser & Stubbe 2002, 2003, Martens 2003, Losinger & Wencel 2003). Da sich die Schutzprogramme jedoch erst wenige Jahre in der Umsetzung befinden und auch in unterschiedlicher Intensität durchgeführt werden, ist eine abschließende Bewertung noch nicht möglich.

Auch private Initiativen gibt es. So erfand ein Landwirt aus Sachsen-Anhalt die »Hamstermutterzelle«. Sein Konzept beruht auf dem Fernhalten aller potenziellen Gefahren von einer kleinen Hamsterkolonie, welche durch eine umfangreiche Zaunkonstruktion geschützt wird. Von dieser Mutterzelle sollen sich dann die Tiere ausbreiten und das Umland besiedeln (Brüggemann 1998).

Über die Wiederansiedlung und Umsiedlung von Feldhamstern hat der Internationale Arbeitskreis Feldhamster (2003) eine Empfehlung herausgegeben. Demzufolge sind solche Vorhaben nicht als Schutzmaßnahmen im engeren Sinne zu werten, sondern als Begleitmaßnahmen innerhalb eines Gesamtkonzeptes zu verstehen.

23 Schlusswort

Der Feldhamster, dieses Charaktertier unserer Kulturlandschaft, hat bereits einen langen Weg gemeinsam mit uns Menschen beschritten und ist in vielen Regionen tief mit unserer Kultur verwurzelt. Sein fortschreitendes Verschwinden mag ein Indiz für den zunehmend lebensfeindlichen Zustand unserer Kulturlandschaft sein. Welche Tierart wird als nächste folgen?

Wünschen wir dem Feldhamster, dass er nicht nur in den Zoologischen Gärten überlebt. Wir haben die Hoffnung, dass diese anpassungsfähige Tierart eines Tages nicht mehr auf Schutzprogramme für das Überleben in der freien Wildbahn angewiesen ist. Gegenwärtig aber benötigt sie unsere Hilfe.

(Foto: A. Kayser).

24 Literaturverzeichnis

Apeldoorn, R. C. van; Nieuwenhuizen, W. (1998): Overlevingsplan Hamster (*Cricetus cricetus*): analyse van knelpunten, oplossingsrichtingen en voorwaarden voor een duurzame toekomst in Limburg. – IBN-Rapport 380, Wageningen.

Argyropulo, A. I. (1933): Die Gattungen und Arten der Hamster (*Cricetinae* Murray, 1866) der Paläarktik. – Z. Säugetierkd. 8: 129-149.

Backbier, L.A.M.; Gubbels, E. J.; Seluga, K.; Weidling, A.; Weinhold, U.; Zimmermann, W. (Internationale Arbeitsgruppe Feldhamster, Stichting Hamsterwerkgroep Limburg; 1998): Der Feldhamster *Cricetus cricetus* (L., 1758), eine stark gefährdete Tierart. – Margraten.

Bauer, K. (1960): Säugetiere des Neusiedlersee-Gebietes. – Bonn. zool. Beitr. 11 (2-4): 141-342.

Baumgart, G. (1996): Le Hamster dé Europe (*Cricetus cricetus* L. 1758) en Alsace. – unpubl., Office National de la Chasse.

Becher, H. H.; Martin, W. (1987): Physikalische Eigenschaften von drei Böden unter Acker und Grünland. – Z. Pflanzenern. Bodenkunde. 156: 290-296.

Bekenov, A. B. (1998): Ecology of common hamster (*Cricetus cricetus* L., 1758) in Kazakhstan. – In: Stubbe, M.; Stubbe, A. (Hrsg.): Ökologie und Schutz des Feldhamsters. – Wiss. Beitr. Martin-Luther-Univ. Halle-Wittenberg: 81-86.

Berdyugin, K. I.; Bolshakov, V. N. (1998): The common hamster (*Cricetus cricetus* L.) in the eastern part of the area. – In: Stubbe, M.; Stubbe, A. (Hrsg.): Ökologie und Schutz des Feldhamsters. – Wiss. Beitr. Martin-Luther-Univ. Halle-Wittenberg: 43-79.

Bettag, E. (1984): Beobachtungen am Feldhamster, *Cricetus cricetus*, in der Vorderpfalz 1981/82. – Plälzer Heimat 35 (1): 34-36.

Björnhag, G. (1994): Adaptations in the large intestine allowing small mammals to eat fibrous foods. – In: Chivers, D. J.; Langer, P. (Hrsg.): The digestive system in mammals: food, form and function: 287-309.

Blasius, J. H. (1857): Naturgeschichte der Säugethiere Deutschlands und der angrenzenden Länder von Mitteleuropa. – Braunschweig.

Blunck, H. (1958): Tierische Schädlinge an Nutzpflanzen Teil 2.5. – In: Sorauer, P. (Begr.); Appel, H.; Blunck, H.; Richter, H. (Hrsg.): Handbuch der Pflanzenkrankheiten. – Berlin, Hamburg.

Böker, H. (1935): Einführung in die vergleichende biologische Anatomie der Wirbeltiere. 1. Band. – Gustav Fischer, Jena.

Born, N.; Bruland, W.; Havelka, P.; Ruge, K.; Vogt, D. (1990): Wiesenvögel brauchen Hilfe. – Arbeitsbl. Naturschutz Karlsruhe 9: 1-48.

Brehm, A. E. (1879): Brehms Thierleben. Die Säugetiere 1, ausgew. aus d. 2. umgearb. u. verm. Aufl. (große Ausgabe letzter Hand 1876-1879), Ullstein 1980.

Brooks, R. J. (1993): Dynamics of home range in collared lemmings. – In: The biology of lemmings. – Linnean Society Symposia Series, Academic Press London, 15: 255-387.

Brüggemann, K. (1998): Hamsterprojekt »Mutterzelle«. – In: Stubbe, M.; Stubbe, A. (Hrsg.): Ökologie und Schutz des Feldhamsters. – Wiss. Beitr. Martin-Luther-Univ. Halle-Wittenberg: 447-449.

Bünning, M. (1976): Ganzjähriger Hamsterfang - volkswirtschaftliche Notwendigkeit. – Brühl 17: 36-38.

Burt, W. H. (1943): Territoriality and home range concepts as applied to mammals. – J. Mammal. 24: 346-352.

Canguilhelm, B.; Masson-Pevet, M.; Vivien-Roels, B.; Pevet, P. (1993): Photoperiodic control of reproduction and hibernation in the European hamster (*Cricetus cricetus*): morphological and functional analysis. – In: Carey, C.; Florant, G. L.; Wunder, B. A.; Hartwitz, B. (Hrsg.): Life in the cold: Ecological, physiological and molecular mechanism. – Westview Press, Boulder: 201-206.

Carl, H. (1995): Die deutschen Pflanzen- und Tiernamen: Deutung und sprachliche Ordnung. – Quelle & Meyer, Wiesbaden.

Culley, J.L.B.; Larson, W. E. (1987): Susceptibility to compression of a clay loam Haplaquoll. – Soil Sci. Soc. Am. J. 51: 562-567.

DATHE, H.; SCHÖPS, P. (1986): Pelztieratlas. - Gustav Fischer Jena.

DOLCH, D. (1995): Beiträge zur Säugetierfauna des Landes Brandenburg - Die Säugetiere des ehemaligen Bezirks Potsdam. - Naturschutz u. Landschaftspflege Brandenburg, Sonderheft.

EIBL-EIBESFELDT, I. (1953): Zur Ethologie des Hamsters (*Cricetus cricetus* L.). - Z. Tierpsychol. 10: 204-254.

EISENTRAUT, M. (1928): Über die Baue und den Winterschlaf des Hamsters (*Cricetus cricetus* L.) . - Z. Säugetierkd. 3: 172-208.

ENDRES, J.; WEBER, U. (1999/2000): Möglichkeiten und Maßnahmen zur langfristigen Erhaltung des Feldhamsters (*Cricetus cricetus* L.) im Nordbereich der Universität Göttingen. - CD-Rom, Eigenverlag.

FAHLBUSCH, V. (1976): *Cricetus major* WOLDŘICH (Mammalia, Rodentia) aus der mittelpleistozänen Spaltenfüllung Petersbuch 1. - Mitt. Bayer. Staatssamml. Paläont. hist. Geol. 16: 71-81.

FRANCESCHINI, C. (2002): Der Feldhamster (*Cricetus cricetus*) in einer Wiener Wohnanlage. - Diplomarbeit Univ. Wien.

FRANCESCHINI, C.; MILLESI, E. (2001): Der Feldhamster (*Cricetus cricetus*) in einer Wiener Wohnanlage. - Jb. Nass. Ver. Naturkde. 122: 151-160.

FRANKHAM, R.; BALLOU, J. D.; BRISCOE, D. A. (2002): Introduction to Conservation Genetics. - Cambridge University Press, Cambridge.

FRECHKOP, S. (1981): Le Hamster. - In: Fauna de Belgique - Mammiferes. - Brüssel: 461-469.

GEIGER-ROSWORA, D.; HUTTERER, R. (1998): Zur Verbreitung und zum Bestandsrückgang des Feldhamsters in Nordrhein-Westfalen. - In: STUBBE, M.; STUBBE, A. (Hrsg.): Ökologie und Schutz des Feldhamsters. - Wiss. Beitr. Martin-Luther-Univ. Halle-Wittenberg: 209-226.

GERSHENSON, S.; POLEVOI, V. V. (1940): Inheritance of black colour in the common hamster (*Cricetus cricetus*) . - Dokl. Akad. nauk SSSR 29 (8-9): 608-609.

GERSHENSON, S.; POLEVOI, V. V. (1941): Mating system in a natural population of the common hamster (*Cricetus cricetus* L.). - Dokl. Akad. nauk SSSR 30 (1): 64-65.

GESNER, C. (1669): Gesnerus redivivus auctus & [et] emendatus oder allgemeines Thier-Buch: d. ist eingentl. U. lebendige Abb. Aller vierfüssigen Thieren, sampt e. ausführl. Beschreibung / vormals druch Conradum Gesnerum in lat. Sprache beschrieben u. nachmals durch Conradum Forerum ins Teutsche übers. In d. heutige teutsche Sprache gebracht u. erw. durch Georgium Horstium. - unveränd. Nachdr. d. Ausg. von 1669, Hannover, Schlütersche, 1980.

GODMANN, O. (1998): Zur Bestandssituation des Feldhamsters (*Cricetus cricetus* L.) im Rhein-Main-Gebiet. - Jb. Nass. Ver. Naturk. 119: 93-102.

GODMANN, O. (2000): Verluste beim Feldhamster (*Cricetus cricetus*) durch direkte Verfolgung. - Jb. Nass. Ver. Naturk. 121: 161-162.

GÖRNER, M. (1972): Nachweise des Hamsters (*Cricetus cricetus* L.) in Ostthüringen durch Gewöllanalysen und ihre Problematik für Naturschutz und Landschaftsplege. - Landschaftspfl. u. Naturschutz in Thüringen 9 (32): 21-25.

GÓRECKI, A. (1977): Energy flow through the common hamster population. - Acta theriol. 22: 25-66.

GÓRECKI, A.; GRYGIELSKA, M. (1975): Consumption and utilization of natural food by the common hamster. - Acta theriol. 20 (18): 237-246.

GRULICH, I. (1960): Ground squirrel *Citellus citellus* L. in Czechoslovakia. - Acta Acad. Sc. Czech. Brno 32 (11): 473-561.

GRULICH, I. (1975): Zum Verbreitungsgebiet der Art *Cricetus cricetus* (Mamm.) in der Tschechoslowakei. - Zool. Listy 24 (3): 197-222.

GRULICH, I. (1978): Standorte des Hamsters (*Cricetus cricetus* L., Rodentia, Mamm.) in der Ostslowakei. - Acta Sc. Nat. Brno 12 (1): 1-42.

GRULICH, I. (1980): Populationsdichte des Hamsters (*Cricetus cricetus*, Mamm.). - Acta Sc. Nat. Brno 14 (6): 1-44.

GRULICH, I. (1981): Die Baue des Hamsters (*Cricetus cricetus*, Rodentia, Mammalia). - Folia zool. 30 (2): 99-116.

GRULICH, I. (1986): The reproduction of *Cricetus cricetus* (Rodentia) in Czechoslovakia. - Acta Sc. Nat. Brno 20 (5-6): 1-56.

GRULICH, I. (1987): Variability of *Cricetus cricetus* in Europe. - Acta Sc. Nat. Brno 21 (7): 1-53.

GRULICH, I. (1988): Periodontal disease in *Cricetus cricetus* (Cricetidae, Rodentia). - Acta Sc. Nat. Brno 22 (1): 1-34.

GRULICH, I. (1996): Der gegenwärtige Stand der Hamsterverbreitung (*Cricetus cricetus*) in Tschechien und Slowakien. - Säugetierkd. Inf. 4 (20): 145-154.

GUBBELS, E. J.; BACKBIER, L.A.M. (1995): Ein Jahr Feldhamsterforschung auf einem Acker in der Limburger Börde. - In: Arbeitskreis Feldhamster (Hrsg.): Forschungsprojekt Feldhamster. -Heidelberg: 4-11.

GUBBELS, R.E.M.B.; GELDER, J. J. VAN; LENDERS, A. (1989): Thermotelemetric study on the hibernation of a common hamster, *Cricetus cricetus* (LINNAEUS, 1758), under natural circumstances. - Bijdragen tot de Dierkunde 59 (1): 27-31.

GUILETTE, L. J.; GUILETTE, E. A. (1996): Environmental contaminants and reproductive abnormalities in wildlife: Implications for public health. - Toxicol. Ind. Health 12: 537-550.

Gurnell, J.; Flowerdew, J. R. (1994): Live trapping small mammals – a practical guide (3rd edition). – An occasional publication of the Mammal Society: No. 3.

Habijan-Mikes, V.; Mikes, M.; Krsmanović, L. (1987): Craniometric characteristics of the species *Cricetus cricetus* L. from Vojvodina province. – Zbornik Matitse Srpske za Prirodne Nauke 73: 33-45.

Hairston, N. G. (1994): Vertebrate zoology – an experimantal field approach. – Cambridge Univ. Press.

Hamar, M.; Theiss, F.; Marin, D. (1959): Cercetâri asupra râspîndirii, ecologiei şi combaterii hîrciogului (*Cricetus cricetus* L. (1758)) în R.P.R. – Analele inst. de cercetâri agronomice Seria C 27: 199-212.

Hamar, M.; Suteu, G.; Sutova, M. (1963): »Home range« studies in rodents by marking with P 32. – Revue de Biologie 8 (4): 431-446.

Harris, S.; Cresswell, W. J.; Forde, P. G.; Trewella, W. J.; Woollard, T.; Wray, S. (1990): Home-range analysis using radio-tracking data - a review of problems and techniques particularly as applied to the study of mammals. – Mammal Rev. 20: 97-123.

Harrison, P.T.C.; Holmes, P.; Humfrey, C.D.N. (1997): Reproductive health in humans and wildlife: are adverse trends associated with environmental chemical exposure? – Sci. Tot. Environ. 205: 97-106.

Heidecke, D. (1984): Untersuchungen zur Ökologie und Populationsentwicklung des Elbebibers, *Castor fiber albicus* Matschie, 1907. Teil 1. Biologische und populationsökologische Ergebnisse. – Zool. Jb. Syst. 111: 1-41.

Hell, P.; Herz, J. (1969): Prisperok k taxonómii a rozšírenia chrčka volného eurázijského (*Cricetus cricetus* L., 1758) na slovenskei. – Biologia Bratislava 24 (11): 839-851.

Hemmer, H. (1966): Notizen zum Winterschlaf des Hamsters (*Cricetus cricetus*). – Z. Rhein. Naturf. Ges. Mainz 4: 1-87.

Herrmann, M. (1991): Säugetiere im Saarland. – Schr.reihe Naturschutzbund Saarland e.V. (DBV).

Hofmann, T. (1999): Untersuchungen zur Ökologie des Europäischen Dachses (*Meles meles*, L. 1758) im Hakelwald (nordöstliches Harzvorland) . – Diss. Univ. Halle-Wittenberg.

Hofmeister, K. (1965): Die Praxis der Hamsterbekämpfung. – Dipl.arbeit Univ. Jena.

Hofmeister, H.; Garve, E. (1986): Lebensraum Acker. – Paul Parey, Hamburg, Berlin.

Holišová, V. (1977): The food of an overcrowded population of the hamster, *Cricetus cricetus* in winter. – Folia zool. 26 (1): 15-25.

Hubert, K. (1957): Planvolle Hamsterbekämpfung dringend notwendig. – Dtsch. Landwirtschaft 8 (4): 202-205.

Hubert, K. (1968): Erfahrungen mit der Hamsterbekämpfung in den Bezirken Halle und Magdeburg. – Hercynia N. F. 5 (2): 181-192.

Husson, A. M. (1949): Aantekeningen over de Hamster. – Natuurhist. Maandblad 38 (11): 111-115.

Hutterer, R.; Geiger-Roswora, D. (1997): Drastischer Bestandsrückgang des Feldhamsters, *Cricetus cricetus*, in Nordrhein-Westfalen. – Abh. Westf. Mus. Naturkd. 59 (3): 71-82.

Internationaler Arbeitskreis Feldhamster (2003): Zur Wiederansiedlung, Bestandsstützung und Erhaltungszucht des Europäischen Feldhamsters (*Cricetus cricetus*). – In: Mercelis, S.; Kayser, A.; Verbeylen, G. (Hrsg.): Der Feldhamster (*Cricetus cricetus* L. 1758): Hamster- und Biotopmanagement, Ökologie und Politik. – Natuurhist. reeks 2: 20-22.

Jacobi, A. (1901): Die Bekämpfung der Hamsterplage. – Flugblatt Nr. 10 Kaiserl. Gesundheitsamt (Biol. Abt. f. Land- u. Forstwirtschaft), Berlin.

Jüttner, P. (1957): Hamsterschäden und Hamsterbekämpfung. – Dtsch. Landwirtschaft 8 (4): 201-202.

Karaseva, E. V. (1962): Izučenie s pomoščëju mečenija osobennostej ispolëzovanija territorii obyknovennym chomjakom v altajskom krae. – Zool. Zh. 41 (2): 275-286.

Karaseva, E. V.; Shiljaeva, L. M. (1965): Stroenie nor obyknovennovo chomjaka v zavisimosti ot evo vozrasta i sezona goda. – Bull. MOIP, Biologii 70 (6): 30-39.

Kayser, A. (2002): Populationsökologische Studien zum Feldhamster *Cricetus cricetus* (L., 1758) in Sachsen-Anhalt. – Diss., Martin-Luther-Univ. Halle-Wittenberg.

Kayser, A.; Kayser, M. (2002): Untersuchungen zum Vorkommen des Feldhamsters als FFH-Anhang IV-Art im Land Brandenburg und Erarbeitung eines Maßnahmenkataloges für den Schutz. – Unveröff. Bericht im Auftrag des Landesumweltamtes Brandenburgs.

Kayser, A.; Stubbe, M. (2000): Coulour variation in the common hamster *Cricetus cricetus* in the north-eastern foot-hills of the Harz Mountains. – Acta theriol. 45 (3): 377-383.

Kayser, A.; Stubbe, M. (2002): Hamster friendly management in Germany and some aspects of habitat requirements. – In: Apeldoorn, R. C.; Stubbe, M. (Hrsg.): Protection of the Common hamster (*Cricetus cricetus* L., 1758): 14-17.

Kayser, A.; Stubbe, M. (2003): Untersuchungen zum Einfluss unterschiedlicher Bewirtschaftung auf den Feldhamster *Cricetus cricetus* (L.), eine Leit- und Charakterart der Magdeburger Börde. - Tiere im Konflikt 7: 3-48.

Kayser, A.; Weinhold, U.; Stubbe, M. (2003): Mortality factors of the common hamster *Cricetus cricetus* at two sites in Germany. - Acta theriol. 48 (1): 47-57.

Kayser, A.; Voigt, F.; Stubbe, M. (2001): First results on the concentrations of some persistent organochlorines in the common hamster *Cricetus cricetus* (L.) in Saxony-Anhalt. - Bull. Env. Cont. Tox. 67 (5): 712-720.

Kayser, A.; Voigt, F.; Stubbe, M. (2003): Metal Concentrations in Tissues of Common Hamsters (*Cricetus cricetus* [L.]) from an Agricultural Area in Germany. - Bull. Env. Cont. Tox. 70 (3): 509-512.

Kayser, C. (1975): Le cycle annuel du métabolisme de base des hibernants. - Rev. suisse Zool. 82: 65-76.

Kayser, M.; Hering, J.; Kastler, M.; Weidling, A. (1998): Erste Ergebnisse zu Bodenbeschaffenheit und Feldhamsterbauverteilung. - In: Stubbe, M.; Stubbe, A. (Hrsg.): Ökologie und Schutz des Feldhamsters. - Wiss. Beitr. Martin-Luther-Univ. Halle-Wittenberg: 251-258.

Kemper, H. (1967): Einige Freilandbeobachtungen am Hamster, *Cricetus cricetus* (Linné, 1758). - Säugetierkdl. Mitteilungen 15: 165-167.

Kinlaw, A. (1999): A review of burrowing by semi-fossorial vertebrates in arid environments. - J. arid environ. 41 (2): 127-145.

Kittel, R. (1954/55): Beiträge zur topographischen Anatomie der Körperhöhlen bei *Cricetus cricetus* L. - Wiss. Z. Univ. Halle, Math.-Nat. Reihe 4 (1): 203-224.

Königswald, W. von (1983): Die Säugetierfauna des süddeutschen Pleistozäns. - In: Müller-Beck (Hrsg.): Urgeschichte in Baden-Württemberg. Theiss Stuttgart: 166-217.

Könnecke, G. (1967): Fruchtfolgen. - VEB Dtsch. Landwirtschaftsverlag Berlin.

Kourist, W. (1957): Das Haarkleid des Hamsters. - Wiss. Z. Univ. Halle, Math.-Nat. Reihe 6 (3): 413-438.

Kramer, F. (1956): Über die Winterbaue des Hamsters (*Cricetus cricetus* L.) auf 2 getrennten Luzerneschlägen. - Wiss. Z. Univ. Halle, Math.-Nat. Reihe 5 (4): 673-682.

Krekels, R. (1999): Beschermingsplan hamster 2000-2004. - rapport Directie Natuurbeheer Nr. 41, Wageningen.

Krekels, R.F.M.; Gubbels, R.E.M.B. (1996): Hamsterinventarisatie 1994 en soort-beschermingsplan. - Bureau Natuurbalans Nijmegen, Natuurhist. Genootschap in Limburg.

Kretschmer, H. (1995): Wieviel Landwirtschaft braucht der Biotop- und Artenschutz? - Z. Kulturtechnik u. Landesentw. 36: 214-221.

Krsmanović, L. (1986): Reprodukcija u populaciji hrčka (*Cricetus cricetus* L.). - Arhiv za polj. nauke 47 (4): 353-379.

Krsmanović, L.; Mikeš, M.; Habijan, V.; Mikeš, B. (1984): Reproductive activity of *Cricetus cricetus* L. in Vojvodina - Yugoslavia. - Acta Zool. Fennica 171: 173-174.

Krsmanović, L.; Buzaši, T.; Popović, E.; Šoti, J. (1987): Veličina populacije hrčka (*Cricetus cricetus* L.). - Zb. Matitse Srpske Prir. Nauke 73: 69-80.

Kulik, I. L. (1962): Materialy k ekologii obyknovennovo chomjaka na altae. - Bull. MOIP, Biologii 67 (4): 16-25.

Kupfernagel, C. (2003): Raumnutzung umgesetzter Feldhamster *Cricetus cricetus* (Linnaeus, 1758) auf einer Ausgleichsfläche bei Braunschweig. - Braunschweiger Naturkdl. Schriften 6 (4): 875-887.

Leicht, W. H. (1979): Tiere der offenen Kulturlandschaft. Bd. I/2 Feldhamster, Feldmaus. - Reihe Ethologie einheimischer Säugetiere, Heidelberg.

Lenders, A. (1985): Het voorkomen van de hamster *Cricetus cricetus* (L., 1758) in relatie tot bodemtextuur en bodemtype. - Lutra 28: 71-94.

Lenders, A.; Pelzers, E. (1985): Over de aanwezigheid van de hamster *Cricetus cricetus*(L., 1758) in of nabij menselijke bewoning in nederland. - Lutra 28: 95-96.

Libois, R. M.; Rosoux, R. (1982): Le Hamster dë-Europe, *Cricetus cricetus* (L. 1758). - In : Libois, R. M. (Hrsg.): Atlas provisoire des mammiferes sauvages de Wallonie, distribution, écologie, éthologie, conservation. - Cahiers dëEthologie appliquée 2, suppl. 1-2: 129-137.

Löns, H. (1909): Die Verbreitung des Hamsters. - Hann. Land- u. Forstw. Z. 62: 726-728.

Lonicero, A. (1679): Kreuterbuch. - Druck Matthäus Wagner.

Losinger, I. (2002): Plan de Conservation du grand hamster en Alsace. - ONCFS rapport.

Losinger, I.; Wencel, M.-C. (2003): Preservation of Common hamster (*Cricetus cricetus*) habitats in France: evaluation of management agreements. In: Mercelis, S.; Kayser, A.; Verbeylen, G. (Hrsg.). Der Feldhamster (*Cricetus cricetus* L. 1758): Hamster- und Biotopmanagement, Ökologie und Politik. - Natuurhistorische reeks 2: 34-40.

Lüttschwager, J. (1968): Hamster- und Hausrattenfunde im Mauerwerk eines römischen Brunnens in Ladenburg, Kreis Mannheim. - BLV München 13, 16 (1): 37-38.

MacDonald, D. (Hrsg.) 2001: The new encyclopedia of mammals. - Oxford University Press.

Macdonald, D. W.; Smith, H. (1990): Dispersal, dispersion and conservation in the agricultural ecosystems. - In: Bunce, R.H.G.; Howard, D.

(Hrsg.): Species dispersal in agricultural habitats. – London, New York: 18-64.

MADER, H. J. (1979): Die Isolationswirkung von Verkehrsstraßen auf Tierpopulationen untersucht am Beispiel von Arthropoden und Kleinsäugern der Waldbiozönose. – Schr.-Reihe Landschaftspfl. u. Naturschutz, Bonn-Bad Godesberg, 19.

MARKOV, G. (1998): Information on the recent status of Common hamster (*Cricetus cricetus* L.) in Bulgaria. – In: STUBBE, M.; STUBBE, A. (Hrsg.): Ökologie und Schutz des Feldhamsters. – Wiss. Beitr. Martin-Luther-Univ. Halle-Wittenberg: 99-100.

MARTENS, S. (2003): Does the Thuringia support programme meet the ecological needs of the Common Hamster? – In: MERCELIS, S.; KAYSER, A.; VERBEYLEN, G. (Hrsg.): Der Feldhamster (*Cricetus cricetus* L. 1758): Hamster- und Biotopmanagement, Ökologie und Politik. – Natuurhist. reeks 2: 28-31.

MASSON-PEVET, M.; NAIMI, F.; CANGUILHEM, B.; SABOUREAU, M.; BONN, D.; PEVET, P. (1994): Are the annual reproductive and body weight rhythms in the male European hamster (*Cricetus cricetus*) dependent upon a photoperiodically entrained circannual clock? J. Pineal Res. 17: 151-163.

MERCELIS, S. (2003): The hamster in Flandersë Fields: past, present and future. – In: MERCELIS, S.; KAYSER, A.; VERBEYLEN, G. (Hrsg.): Der Feldhamster (*Cricetus cricetus* L. 1758): Hamster- und Biotopmanagement, Ökologie und Politik. – Natuurhist. reeks 2: 85-87.

MÉSZÁROS, F. (1977): The parasitic nematodes of the hamster (*Cricetus cricetus* L.) in Hungary. – Acta Zool. Acad. Sc. Hungaricae 23: 133-138.

MEYER, M. (1998): Zum Vorkommen des Feldhamsters *Cricetus cricetus* L., 1758 in Sachsen (Ein Beitrag zur Säugetierfauna Sachsens). – Veröff. Naturkundemuseum Leipzig 16: 30-40.

MICHENER, G. R. (1992): Sexual differences in over-winter torpor patterns of Richardsonís ground squirrels in natural hibernacula. – Oecologia 89: 397-406.

MOHR, C. O. (1947): Table of equivalent populations of North American small mammals. – Am. Midl. Nat. 37: 223-249.

MOHR, E. (1950): Die freilebenden Nagetiere Deutschlands und der Nachbarländer. – Gustav Fischer Jena.

MOHR, U.; SCHULLER, H.; REZNIK, G.; ALTHOFF, J.; PAGE, N. (1973): Breeding of European hamsters. – Lab. Anim. Sci. 23 (6): 799-802.

MÜLLER, K. R. (1960): Der Hamster und seine Bekämpfung. – Flugblatt Nr. 30, Biol. Zentralanst. der DAL zu Berlin.

MÜLLER, W. A. (1998): Tier- und Humanphysiologie. – Springer Berlin, Heidelberg, New York.

MUNTEANU, R. (1998): Some data on number, peculiarity and ecology of *Cricetus cricetus* L. (Rodentia) in the Republic Moldova. – In: STUBBE, M.; STUBBE, A. (Hrsg.): Ökologie und Schutz des Feldhamsters. – Wiss. Beitr. Martin-Luther-Univ. Halle-Wittenberg: 90.

MURARIU, D. (1998): About the hamster (*Cricetus cricetus* L., 1758 – Cricetidae, Rodentia) in Romania. – In: STUBBE, M.; STUBBE, A. (Hrsg.): Ökologie und Schutz des Feldhamsters. – Wiss. Beitr. Martin-Luther-Univ. Halle-Wittenberg: 91-98.

MUSCHKETAT, L. (1990): Vorarbeiten zur Erfassung des Feldhamsters (*Cricetus cricetus*) und des Maulwurfes (*Talpa europaea*). – Staatl. Museum f. Naturkunde Karlsruhe: 1-17.

NECHAY, G. (1998): The state of the Common hamster (*Cricetus cricetus* L., 1758) in Hungary. – In: STUBBE, M.; STUBBE, A. (Hrsg.): Ökologie und Schutz des Feldhamsters. – Wiss. Beitr. Martin-Luther-Univ. Halle-Wittenberg: 101-110.

NECHAY, G. (2000): Report on the status of hamsters: *Cricetus cricetus*, *Cricetulus migratorius*, *Mesocricetus newtoni* and other hamster species in Europe. – Strasbourg, Council of Europe publishing, Series Nature and environment 106: 97.

NECHAY, G.; HAMAR, M.; GRULICH, I. (1977): The common hamster (*Cricetus cricetus* [L.]; a review. – EPPO Bull. 7 (2): 255-276.

NEHRING, A. (1894): Die Verbreitung des Hamsters (*Cricetus vulgaris*) in Deutschland. – Arch. Naturgesch. 60 (1).

NEUMANN, K.; JANSMAN, H.; KAYSER, A.; MAAK, S.; GATTERMANN, R. (2004): Multiple bottlenecks in threatened western European populations of the common hamster *Cricetus cricetus* (L.). – Conservation genetics 5 (2): 181-193.

NEUMANN, K.; MICHAUX, J. R.; MAAK, S.; JANSMAN, H.A.H.; KAYSER, A.; MUNDT, G.; GATTERMANN, R. (2005): Genetic spatial structure of European common hamsters (*Cricetus cricetus*) – a result of repeated range expansion and demographic bottlenecks. – Molecular Ecology 14: 1473-1483.

NICOLAI, B. (1994): Der Hamster, *Cricetus cricetus*, als Verkehrsopfer und Beute des Uhus, *Bubo bubo*, in Sachsen-Anhalt. – Abh. Ber. Mus. Heineanum 2: 125-132.

NIETHAMMER, J. (1982): *Cricetus cricetus* (LINNAEUS, 1758) - Hamster (Feldhamster). – In: NIETHAMMER, J.; KRAPP, F. (Hrsg.): Handbuch der Säugetiere Europas, Bd. 2/1, Rodentia II: 7-28. – Wiesbaden.

NOWAK, E.; HEIDECKE, D.; BLAB, J. (1994): Rote Liste und Artenverzeichnis der in Deutschland vorkommenden Säugetiere (Mammalia). – In: NOWAK, E.; BLAB, J.; BLESS, R. (Hrsg.): Rote Liste der gefährdeten Wirbeltiere in Deutschland. – Schriftenreihe Landschaftspfl. u. Naturschutz 42, Bonn-Bad Godesberg: 27-59.

PANTELEYEV, P. A. (1998): The rodents of the palaearctic. – Russian Academy of Science, Moscow.

PELZ, H. J.; PILASKI; J. (1996): Säugetiere als Überträger von Krankheiten. – Schriftenreihe Landschaftspfl. u. Naturschutz 46, Bonn-Bad Godesberg: 159-172.

PETER, W. (1996): Feldhamster in Steinkauzröhre. – Mittl.blatt Naturkundestelle Main-Kinzig-Kreis, 8 (1).

PETZSCH, H. (1933): Einige Beobachtungen an gefangenen Hamstern (*Cricetus cricetus* L.). – Z. Säugetierkd. 8: 222-227.

PETZSCH, H. (1936a): Beiträge zur Biologie, insbesondere Fortpflanzungsbiologie des Hamsters (*Cricetus cricetus* L.). – Monographien der Wildsäugetiere 1. – Verlag Dt. Gesellsch. Kleintier- u. Pelztierzucht Leipzig.

PETZSCH, H. (1936b): Bemerkungen zur Melanismus- und Farbspielfrage beim Hamster. – Z. Säugetierkd. 11: 343-344.

PETZSCH, H. (1943): Neue Beobachtungen zur Fortpflanzungsbiologie des Hamsters (*Cricetus cricetus* L.). – Zool. Garten N.F. 15: 45-54.

PETZSCH, H. (1949): Über anomale Weißscheckung bei der Hausmaus (*Mus musculus*) und beim Hamster (*Cricetus cricetus*). – Mitt. Mus. Naturk. u. Vorgesch. u. Naturwiss. Arbeitskreis 2 (1): 1-8.

PETZSCH, H. (1950): Der Hamster. – Neue Brehm-Bücherei. Leipzig, Wittenberg.

PETZSCH, H.; PETZSCH, H. (1956): Zum Problem des Vererbungsmodus für Melanismus bei dem gemeinen Hamster (*Cricetus cricetus* L.) in Hinsicht auf die Evolution. – Zool. Garten N.F. 22 (1/3): 119-154.

PÉVET, P. (1987): Environmental control of the annual reproductive cycle in mammals. – In: PÉVET, P. (Hrsg.): Comparative Physiology of Environmental Adaptations, vol. 3. – Karger Basel: 82-100.

PÉVET, P. (1988): The role of the pineal gland in the photoperiodic control of reproduction in different hamster species. – Reprod. Nutr. Develop. 28 (2B): 443-458.

PÉVET, P.; BUIJS, R. M.; MASSON-PÉVET, M.; HERMES, L. H.; CANGUILHEM, B. (1987): Pineal and photoperiodic control of different seasonal fluctuations in the European hamster: Importance of gonadal steroids and of central vasopressinergic innervation. – In: TRENTINI, G. P.; GAETANI, C. DE; PÉVET, P. (Hrsg.): Fundamentals and clinics in Pineal research. Raven Press. – New York: 225-235.

PÉVET, P.; MASSON-PÉVET, M.; HERMES, L. H.; BUIJS, R. M.; CANGUILHEM, B. (1990): How the pineal times the different seasonal fluctuations. – In: GUPTA; WOLLMA, RANKE (Hrsg.): Neuroendocrinology: New frontiers. – Brain Research Promotion, Tübingen: 169-179.

PIECHOCKI, R. (1979): Über den Rückgang des Aufkommens an Hamsterfellen in der DDR. – Der Brühl (Leipzig) (4): 11-13.

PLUSKOTA, B. (2003): Populationsökologische Untersuchungen des Feldhamsters (*Cricetus cricetus*, L. 1758) im Rahmen des Artenschutzprogramms der Stadt Mannheim. – Dipl.arbeit Univ. Heidelberg.

POPP, L. (1960): Die Epidemiologie des Feldfiebers im niedersächsischen Gebirgsvorland. – Arch. Hyg. u. Bakt. 144: 345-374.

PORTIG, F. (1950): Bemerkungen zur Überwinterung des Hamsters (*Cricetus cricetus* L.). – Zool. Anz. 145: 756-760.

POTT-DÖRFER, B.; HECKENROTH, H. (1994): Zur Situation des Feldhamsters (*Cricetus cricetus*) in Niedersachsen. – Naturschutz Landschaftspfl. Niedersachs. 32: 5-23.

PRADEL, A. (1985): Morphology of the hamster *Cricetus cricetus* (LINNAEUS, 1758) from Poland with some remarks on the evolution of this species. – Acta zool. Cracov. 29 (3): 29-52.

REGIERUNGSPRÄSIDIUM KARLSRUHE (1982): Pflanzenkrankheiten und Schädlinge, Schädlinge – Hamster (1954-1982). – Pflanzenschutzamt Karlsruhe, PF 2105.

REZNIK-SCHÜLLER, H.; REZNIK, G.; MOHR, U. (1974): The European hamster (*Cricetus cricetus* L.) as an experimental animal: Breeding methods and observations of their behaviour in the laboratory. – Z. Versuchstierk. 16: 48-58.

RÖBEN, P. (1966): Die Säugetiere (Mammalia) der Heidelberger Umgebung. – Diss. Univ. Heidelberg.

ROODBERGEN, M.; APELDOORN, R. C. VAN; SCHAMINEE, J.H.J.; HAVEMAN, R. (2001): Waar graaft de Korenwolf? – De Levende Natuur 102 (1): 13-18.

RUŽIĆ, A. (1976): Neke osobenosti hibernacije hrčka (*Cricetus cricetus* L.) i njihov značaj za suzbijanje ove štetočine. – Zaštita Bilja (Plant Protection) Beograd 27: 397-417.

RUŽIĆ, A. (1978): Rasprostranjenje i brojnost hrčka (*Cricetus cricetus* LINNAEUS, 1758; Rodentia, Mammalia) u Jugoslaviji. – Biosistematika 4 (1): 203-208.

RYSER, J. (1992): The mating system and male mating success of the Virginia opossum (*Didelphys virginiana*) in Florida. – J. Zool., London 228: 127-139.

RYSER, J. (1995): Activity, movement and home range of Virginia opossums (*Didelphys virginiana*) in Florida. – Bull. Florida Mus. Nat. Hist. 38, Pt. II (6): 177-194.

SAINT GIRONS, M. C.; MOURIK, W. R. VAN; BREE, P.J.H. VAN (1968): La croissance ponderale et le cycle annuel du hamster, *Cricetus cricetus cane-*

scens NEHRING 1899, en captivite. – Mammalia 32 (4): 577-602.

SCHEFFER, F.; SCHACHTSCHABEL, P. (1998): Lehrbuch der Bodenkunde. – 14. neubearb. Aufl. von SCHACHTSCHABEL, P.; BLUME, H.-P.; BRÜMMER, G.; HARTGE, K.-H.; SCHWERTMANN, U. – FERDINAND. Enke. Stuttgart.

SCHMIDT, B. (1992): Telemetrische Erfassung von Körpertemperatur und Gesamtaktivität beim Europäischen Feldhamster (*Cricetus cricetus*) unter natürlichen Umweltbedingungen. – Dipl. arbeit Univ. Konstanz.

SCHRÖPFER, R. (1973): Zum Vorkommen des Feldhamsters (*Cricetus cr. cricetus* LINNÉ 1758) in der Norddeutschen Tiefebene. – Natur u. Heimat 33 (4): 97-99.

SCHWARZENBERGER, T.; KLINGEL, H. (1995): Telemetrische Untersuchungen zur Raumnutzung und Aktivitätsrhythmik freilebender Gelbhalsmäuse (*Apodemus flavicollis* MELCHIOR, 1834). – Z. Säugetierkd. 60: 20-32.

ŠEBEK, Z.; GRULICH, I.; VALOVÁ, M. (1987): To the knowledge of the Common hamster (*Cricetus cricetus* LINNÉ, 1758; Rodentia) as host of leptospirosis in Czechoslovakia. – Folia Parasitol. 34: 97-105.

SELUGA, K. (1996): Untersuchungen zu Bestandssituation und Ökologie des Feldhamsters, *Cricetus cricetus* L., 1758, in den östlichen Bundesländern Deutschlands. – Dipl.arbeit Univ. Halle-Wittenberg.

SELUGA, K. (1998): Vorkommen und Bestandssituation des Feldhamsters in Sachsen-Anhalt. – Naturschutz Landschaftspfl. Brandenb. 7 (1): 21-25.

SELUGA, K.; STUBBE, M. (1997): Zur Bestandssituation des Feldhamsters (*Cricetus cricetus* L.) in Ostdeutschland. – Säugetierk. Inf. 21: 257-266.

SELUGA, K.; STUBBE, M.; MAMMEN, U. (1996): Zur Reproduktion des Feldhamsters (*Cricetus cricetus* L.) und zum Ansiedlungsverhalten der Jungtiere. – Abh. Ber. Mus. Heineanum 3: 129-142.

SMIT, C. J.; WIJNGAARDEN, A. VAN (1981): Threatened Mammals in Europe. – Akademische Verlagsgesellschaft, Wiesbaden: 1-259.

SMULDERS, M.J.M.; SNOEK, L. B.; BOOY, G.; VOSMAN, G. (2003): Complete loss of MHC genetic diversity in the Common Hamster (*Cricetus cricetus*) population in The Netherlands. Consequences for conservation strategies. – Conserv. Genetics 4: 441-451.

SPITZENBERGER, F. (1998): Verbreitung und Status des Hamsters (*Cricetus cricetus*) in Österreich. – In: STUBBE, M.; STUBBE, A. (Hrsg.): Ökologie und Schutz des Feldhamsters. – Wiss. Beitr. Martin-Luther-Univ. Halle-Wittenberg: 111-118.

SPITZENBERGER, F.; BAUER, K. (2001): Hamster *Cricetus cricetus* (LINNAEUS, 1758). – In: SPITZENBERGER, F.: Die Säugetierfauna Österreichs. – Bundesministerium für Land- und Forstwirtschaft, Umwelt und Wasserwirtschaft.

STUBBE, A.; STUBBE, M. (1991): Langzeitdynamik der Kleinsäugergesellschaft des Hakelwaldes. – In: STUBBE, M.; HEIDECKE, D.; STUBBE, A. (Hrsg.): Populationsökologie von Kleinsäugerarten. – Wiss. Beitr. Univ. Halle 1990/34 (P42): 231-265.

STUBBE, M.; SELUGA, K.; WEIDLING, A. (1997): Bestandssituation und Ökologie des Feldhamsters *Cricetus cricetus* (L., 1758). – Tiere im Konflikt 5: 5-60.

STUBBE, M.; STUBBE, A. (1995): Das Populationsdynamogramm eines Fuchsbestandes. – In: STUBBE, M.; STUBBE, A.; HEIDECKE, D. (Hrsg.): Methoden feldökologischer Säugetierforschung. – Wiss. Beitr. Martin-Luther-Univ. Halle-Wittenberg: 147-160.

STUBBE, M.; STUBBE, A. (1998): Der Feldhamster (*Cricetus cricetus* L.) als Beute von Mensch und Tier sowie seine Bedeutung für das Ökosystem. – In: STUBBE, M.; STUBBE, A. (Hrsg.): Ökologie und Schutz des Feldhamsters. – Wiss. Beitr. Martin-Luther-Univ. Halle-Wittenberg: 289-325.

STUBBE, M.; ZÖRNER, H.; MATTHES, H.; BÖHM, W. (1991): Reproduktionsrate und gegenwärtiges Nahrungsspektrum einiger Greifvogelarten im nördlichen Harzvorland. – In: STUBBE, M. (Hrsg.): Populationsökologie von Greifvogel- und Eulenarten Bd. 2. – Wiss. Beitr. Univ. Halle 1991/4 (P45): 39-60.

SULZER, F. G. (1774): Versuch einer Naturgeschichte des Hamsters. – Göttingen, Gotha. – Neuausgabe von H. PETZSCH. – Verlag Naturkunde, Hannover, Berlin-Zehlendorf (1949).

SURDACKI, S. (1964): Über die Nahrung des Hamsters, *Cricetus cricteus* LINNAEUS, 1758. – Acta theriol. 9 (29): 384-386.

SURDACKI, S. (1971): The distribution and ranges of the European Hamster *Cricetus cricteus* (LINNAEUS, 1758) in Poland. – Annales Univ. M. Curie-Sklodowska, Lublin, sectio B 26 (12): 267-285

SZAMOSCH, V. M. (1972): Rost i razvitie chomjaka obyknobennovo (*Cricetus cricetus* L.). – Vestnik zool. 4: 86-89.

TELICYNA, A. JU.; USANOV, JU. A.; KARASEVA, E. V.; DMITRIEVA, V. V. (1999): Osobennosti ekologii i pobedehija obyknobennovo chomjaka (*Cricetus cricetus* L.), izučennye s primeneniem radiotelemetrii. – In: Rossijskaja akademija nauk (Hrsg.): VI síezd teriologičeskovo obščestva. – Moskau: 254.

TEUBNER, J.; TEUBNER, J.; DOLCH, D. (1996): Die letzten Feldhamster? – Naturschutz Landschaftspfl. Brandenburg (4): 32-35.

THIELE, R. (1998): Der Feldhamster (*Cricetus cricetus* L.) in Rheinland-Pfalz. – In: STUBBE, M.; STUBBE, A. (Hrsg.): Ökologie und Schutz des Feldhamsters. – Wiss. Beitr. Martin-Luther-Univ. Halle-Wittenberg: 197-208.

Thormeier, H. (1967): Die Bekämpfung des Hamsters mit Schwefelkohlenstoff. – Feldwirtschaft 8: 312-313.

Toppari, J.; Larsen, J. C.; Christiansen, P.; Giwercman, A.; Grandjean, P.; Guilette, L.J.Jr.; Jegou, B.; Jensen, T. K.; Jouannet, P.; Keiding, N.; Leffers, H.; McLachlan, J. A.; Meyer, O.; Muller, J.; Rajpert De Meyts, E.; Scheike, T.; Sharpe, R.; Sumpter, J.; Skakkebaek, N. E. (1996): Male reproductive health and environmental xenoestrogens. – Environ. Health Persp. 104 (4): 741-803.

Trojan, M. (1979): Vergleichende Untersuchungen über den Wasserhaushalt und die Nierenfunktion der paläarktischen Hamster *Cricetus cricetus* (Leske, 1779), *Mesocricetus auratus* (Waterhouse, 1839), *Cricetulus griseus* (Milne-Edwards, 1867) und *Phodopus sungorus* (Pallas, 1770). – Zool. Jb. Physiol. 83: 192-223.

Ulbrich, K.; Kayser, A. (2004): A risk analysis for the Common hamster *Cricetus cricetus*. – Biological Conservation 117: 263-270.

Unrein, G. (1976): Gemeinsame Aktionen zur Intensivierung des Hamsterfangs. – Brühl 17: 32-35.

Unrein, G.; Horn, I. (1980): Gemeinsame Aktionen zur Intensivierung des Hamsterfangs. – Brühl 4: 32-34.

Valck, F.; Gysels, J.; Mercelis, S. (2001): Soortbeschermingsplan Hamster. – De Wielewaal, unveröff. Studie im Auftrag von AMINAL.

Vivien-Roels, B.; Pevet, P.; Masson-Pevet, M.; Canguilhem, B. (1992): Seasonal variations in the daily rhythm of pineal gland and/or circulating melatonin and 5-Methoxytryptophol concentrations in the European hamster, *Cricetus cricetus*. – General Comp. Endokrin. 86: 239-247.

Vries, S. de (2003): Breeding and reintroduction of the Common Hamster in the Netherlands. – In: Mercelis, S.; Kayser, A.; Verbeylen, G. (Hrsg.): Der Feldhamster (*Cricetus cricetus* L. 1758): Hamster- und Biotopmanagement, Ökologie und Politik. – Natuurhist. reeks 2: 42-43.

Vogel, R. (1936): Das gegenwärtige Vorkommen des Hamsters (*Cricetus cricetus* L.) in Württemberg in seiner Abhängigkeit vom Boden. – Jh. Ver. vaterländ. Naturk. Württemberg 92: 171-180.

Vogt, D. (1993): Grundlagen für den Habitatschutz einiger im Grünland brütender Vogelarten. – Mainzer naturwiss. Archiv 31: 361-375.

Vohralík, V. (1974): Biology of the reproduction of the common hamster, *Cricetus cricetus* (L.). – Vestn. ceskoslov. spol. zool. 38: 228-240.

Vohralík, V. (1975): Postnatal development of the common hamster *Cricetus cricetus* (L.) in captivity. – Rozpr. ceskoslov. Akad. ved. Rada Matem. Prirod. Ved. 85 (9): 1-48.

Voith, J. (1990): Bestandserfassung des Feldhamsters (*Cricetus cricetus* L.) in Bayern. – Bayer. Landesamt f. Umweltschutz, München.

Vorontsov, N. N. (1982): Fauna SSSR. Mlekopitajuščie III (6). – Nauka, Leningrad: 1-388.)

Wassmer, T.; Wollnik, F. (1997): Timing of torpor bouts during hibernation in European hamsters (*Cricetus cricetus* L.). – J. Comp. Physiol. B 167: 270-279.

Weber, B. (1956): Hamster klettern auf Sonnenblumen. – Säugetierkd. Mitt. 4: 131.

Weber, B. (1960): Der Hamster und seine Verbreitung im Kreis Haldensleben. – Jschr. Kreismus. Haldensleben 1: 57-62.

Weber, B. (1977): Kletternde Hamster, *Cricetus cricetus* (L.). – Zool. Garten NF 47 (2): 153-154.

Weber, W.; Stubbe, M. (1984): Zur Reproduktionsbiologie des Hamsters - *Cricetus cricetus* Linné, 1758 - in der DDR. – Säugetierkd. Inf. 2 (8): 159-168.

Weckert, A.; Kugelschafter, K. (1998): Darstellung der aktuellen und historischen Verbreitung des Feldhamsters (*Cricetus cricetus*) in Hessen. – unveröff. Bericht, Gießen.

Weidling, A. (1996): Zur Ökologie des Feldhamsters *Cricetus cricetus* L.; 1758 im Nordharzvorland. – Dipl.arbeit Univ. Halle-Wittenberg.

Weidling, A. (1997): Zur Raumnutzung beim Feldhamster im Nordharzvorland. – Säugetierkd. Inf. 4 (21): 265-273.

Weidling, A.; Stubbe, M. (1997): Fang-Wiederfang-Studie am Feldhamster *Cricetus cricetus* L. – Säugetierkd. Inf. 4 (21): 299-308.

Weidling, A.; Stubbe, M. (1998a): Zur aktuellen Verbreitung des Feldhamsters (*Cricetus cricetus* L.) in Deutschland. – In: Stubbe, M.; Stubbe, A. (Hrsg.): Ökologie und Schutz des Feldhamsters. – Wiss. Beitr. Martin-Luther-Univ. Halle-Wittenberg: 183-186.

Weidling, A.; Stubbe, M. (1998b): Eine Standardmethode zur Feinkartierung von Feldhamsterbauen. – In: Stubbe, M.; Stubbe, A. (Hrsg.): Ökologie und Schutz des Feldhamsters. – Wiss. Beitr. Martin-Luther-Univ. Halle-Wittenberg: 259-276.

Weidling, A.; Stubbe, M. (1998c): Feldhamstervorkommen in Abhängigkeit vom Boden. – Naturschutz u. Landschaftspflege in Brandenburg (1): 18-21.

Weinhold, U. (1996): Zur Erfassung des Feldhamsters (*Cricetus cricetus*) im Raum Mannheim-Heidelberg. – Schriftenreihe Landschaftspfl. u. Naturschutz 46 (Säugetiere in der Landschaftsplanung). – Bonn-Bad Godesberg: 105-110.

Weinhold, U. (1997): Der Feldhamster – ein schützenswerter Schädling? – Natur u. Museum 127 (12): 445-453.

WEINHOLD, U. (1998): Zur Verbreitung und Ökologie des Feldhamsters (*Cricetus cricetus* L. 1758) in Baden-Württemberg, unter besonderer Berücksichtigung der räumlichen Organisation auf intensiv genutzten landwirtschaftlichen Flächen im Raum Mannheim-Heidelberg. – Diss. Univ. Heidelberg.

WEINHOLD, U. (1998b): Bau- und Individuendichte des Feldhamsters (*Cricetus cricetus* L., 1758) auf intensiv genutzten landwirtschaftlichen Flächen in Nordbaden. – In: STUBBE, M.; STUBBE, A. (Hrsg.): Ökologie und Schutz des Feldhamsters. – Wiss. Beitr. Martin-Luther-Univ. Halle-Wittenberg: 277-288.

WENCEL, M.-C. (1998): Zur Situation des Feldhamsters (*Cricetus cricetus*) in Frankreich. – In: STUBBE, M.; STUBBE, A. (Hrsg.): Ökologie und Schutz des Feldhamsters. – Wiss. Beitr. Martin-Luther-Univ. Halle-Wittenberg: 119-124.

WENCEL, M.-C. (1999): Plan de Conservation du grand hamster (*Cricetus cricetus* L.) in Alsace. – rapport ONCFS.

WENCEL, M.-C. (2002): Conservation plan for the Common hamster (*Cricetus cricetus*) in France. – In: APELDOORN, R. C. VAN; STUBBE, M. (Hrsg.): Protection of the Common hamster. – Publ. Natuurhist. Genootschap Limburg 28: 20-22.

WENCEL, M.-C., GIE »Faune sauvage de France« / Office national de la chasse (ONC) (1999): Plan de Conservation du grand hamster (*Cricetus cricetus* L.) en Alsace. – unveröff. Bericht.

WENCEL, M.-C.; LOSINGER, I.; MICOT, P. (2001). Le grand hamster *Cricetus cricetus* (LINNÉ 1758). ONCFS.

WENDT, W. (1980): Bemerkenswerte Vorratsmenge eines Hamsters, *Cricetus cricetus* L. – Säugetierkd. Inf. 1 (4): 48-52.

WENDT, W. (1984a): Chronobiologische und ökologische Studien zur Biologie des Feldhamsters (*Cricetus cricetus* L.) unter Berücksichtigung volkswirtschaftlicher Belange. – Diss. Univ. Halle-Wittenberg.

WENDT, W. (1984b): Zu den Auswirkungen ausgewählter agrotechnischer Maßnahmen und des Hamsterfanges auf die weitere Aufkommenshöhe an Hamsterfellen in der DDR. – Der Brühl (Leipzig) 25: 7-8.

WENDT, W. (1989a): Feldhamster *Cricetus cricetus* (L.). – In: STUBBE, H. (Hrsg.): Buch der Hege Bd. 1 Haarwild. – Deutscher Landwirtschaftsverlag Berlin: 667-684.

WENDT, W. (1989b): Zum Aktivitätsverhalten des Feldhamsters, *Cricetus cricetus* L., im Freigehege. – Säugetierkd. Inf. 3 (13): 3-12.

WENDT, W. (1991): Der Winterschlaf des Feldhamsters, *Cricetus cricetus* (L., 1758) – Energetische Grundlagen und Auswirkungen auf die Populationsdynamik. – In: STUBBE, M. (Hrsg.): Populationsökologie von Kleinsäugerarten. – Wiss. Beitr. Univ. Halle 1990/34 (P42): 67-78.

WENDT, W. (1995): Telemetrische Körpertemperaturmessungen an wachen und winterschlafenden Feldhamstern (*Cricetus cricetus* L. 1758). – Säugetierkd. Inf. 4 (19): 33-43.

WERTH, E. (1936): Der gegenwärtige Stand der Hamsterfrage in Deutschland. – Arb. biol. Reichsanstalt Land- u. Forstwirtschaft Berlin 21: 201-253.

WETZEL, T. (1984): Diagnosemethoden. – VEB Dtsch. Landwirtschaftsverlag Berlin.

WHITE, G. C.; GARROTT, R. A. (1990): Analysis of wildlife radio-tracking data. – Academic Press, San Diego, California.

WIELAND, H. (1969): Die Bekämpfung des Hamsters. – Feldwirtschaft 4: 171-172.

WOLLNIK, F.; BREIT, A.; REINKE, D. (1991): Seasonal change in the temporal organization of wheel-running activity of the European hamster *Cricetus cricetus*. – Naturwiss. 78: 419-422.

WUTTKY, K. (1968): Ergebnisse 10jähriger Beobachtungen an der Greifvogelpopulation des Wildforschungsgebietes Hakel (Kr. Aschersleben). – Beitr. Jagd- u. Wildforsch. 6: 159-173.

ZIMMERMANN, H. (1927): Verbreitung des Hamsters in Mecklenburg-Schwerin und Mecklenburg-Strelitz. – Mitt. Biol. Reichsanstalt Land- u. Forstwirtschaft 30: 372-375.

ZIMMERMANN, R. (1923): Ueber das Vorkommen des Hamsters, *Cricetus cricetus* (L.) und eine Erweiterung seines Verbreitungsgebietes in Sachsen. – Zool. palaearct. 1: 9-23.

ZIMMERMANN, R. (1934): Die Säugetiere Sachsens. – Sitzungsber. u. Abh. Naturwiss. Ges. ISIS Dresden: 50-99.

ZIMMERMANN, W. (1969): Die gegenwärtige Verbreitung melanistischer Hamster (*Cricetus cricetus* L.) in Thüringen und Bemerkungen zu deren Morphologie. – Hercynia N.F. 6 (1): 80-89.

ZIMMERMANN, W. (1995): Der Feldhamster (*Cricetus cricetus*) in Thüringen – Bestandsentwicklung und gegenwärtige Situation. – Landschaftspfl. u. Naturschutz Thür. 32 (4): 95-100.

ZIMMERMANN, W.; HANDTKE, K. (1968): Atypischer Melanismus beim Gemeinen Hamster *Cricetus c. cricetus* L. im Nördlichen Harzvorland und in der Magdeburger Börde. – Hercynia N.F. 5: 1-6.

25 Register